高职高专国家"双高计划"建设课改教材

AutoCAD 2014 中文版
教学做一体化教程

主　编　龙建明

副主编　马艳丽　刘翠焕

参　编　赵　媛　曹利刚　晁　阳　郭改琴

西安电子科技大学出版社

内 容 简 介

　　本书安排了 28 个项目，并提供了 88 个涉及关键操作环节及工作任务、课堂训练、课外训练等任务完成过程的教学视频。通过每个项目工作任务完成的教学做一体化过程，学习掌握 AutoCAD 2014 软件的应用技能。本书所涵盖的主要内容有：CAD 绘图环境的设置，绘图基本命令，图形编辑基本技巧，尺寸格式的设置与标注，文本格式设置与文本编辑，图块的定义与应用，图形信息查询，CAD 软件的计算功能，图层设置与图层管理，CAD 图形转化为其他图片格式文件的方法，CAD 图形插入到 Word 文档中并保证打印质量的技巧，图形的打印输出，应用 CAD 解决工程实际问题的典型案例等。

　　本书不仅可作为高职、中职的水利、道桥、建筑、机械、电气、园林类专业的教材，也可作为应用型本科工程技术类专业的教材，还可作为广大 CAD 爱好者的自学参考书。

图书在版编目(CIP)数据

AutoCAD 2014 中文版教学做一体化教程 / 龙建明主编.
—西安：西安电子科技大学出版社，2018.12(2022.4 重印)
ISBN 978-7-5606-5155-2

Ⅰ.① A… 　Ⅱ.① 龙… 　Ⅲ.① AutoCAD 软件—教材 　Ⅳ.① TP391.72

中国版本图书馆 CIP 数据核字(2018)第 270214 号

策划编辑　秦志峰
责任编辑　秦志峰
出版发行　西安电子科技大学出版社(西安市太白南路 2 号)
电　　话　(029)88202421　88201467　　邮　编　710071
网　　址　www.xduph.com　　　　　电子邮箱　xdupfxb001@163.com
经　　销　新华书店
印刷单位　陕西天意印务有限责任公司
版　　次　2018 年 12 月第 1 版　　2022 年 4 月第 3 次印刷
开　　本　787 毫米×1092 毫米　1/16　印 张　14.5
字　　数　341 千字
印　　数　6001～9000 册
定　　价　38.00 元

ISBN 978-7-5606-5155-2 / TP

XDUP　5457001-3

如有印装问题可调换

前　言

　　本书属于高职高专国家示范院校课程改革项目之一,也是陕西省高等学校创新创业教育改革试点学院(系)建设项目之一。关于 CAD 技术的专业问题,笔者结合 22 年的使用经历,在全书的编写过程中贯穿这样一个基本思想:CAD 是工程技术人员必须掌握的基本技能,也是工具。因此,撇开专业理论,先学习 CAD 基本操作与绘图技巧,对于后面学习、掌握专业 CAD 来讲效率更高。熟练掌握绘图工具后再结合相关专业知识,练习绘制一些工程实际图纸,就可以很好地将 CAD 融入设计实践。也就是说,只要熟练掌握 CAD 技术,再加上相关专业知识,就很容易掌握专业 CAD。这也是我们在教学中让学生树立"画笔在手,无所不能"这一学习信念的缘由所在。

　　"以工作任务驱动,基于项目教学"是本书的鲜明特色,应用本书教学就是一个"教学做一体化"的过程。本书基于工作任务组织教学内容,每一个项目都围绕具体工作任务来进行,打破了传统 CAD 教材的知识体系,以工作任务引领学习任务,以学习任务培养学生技能,在工作任务的解决中使学生学习并掌握技能。在具体安排上,学生每学习一个项目都能完成一个或多个完整的工作任务,每堂课都有完成任务的成就感,以成就感激发学生的学习兴趣。本书的另一个特色是紧密结合工程实际,多个项目所涉及的 CAD 用法和理念在其他 CAD 教材上是没有的。

　　另外,本书提供了 88 个涉及关键操作环节及工作任务、课堂训练、课外训练等任务完成过程的教学视频,既为学生课前自学、课后复习并完成项目工作任务提供了更加直观的学习协助,也为授课教师采用翻转课堂、线上线下混合教学等创新教学手段提供了资源保证。

　　关于 CAD 软件的版本问题,笔者多年的经验是:不赞成追求最新版本,只要是用起来顺手且稳定的版本就是好版本。所以本书以 AutoCAD 2014 为蓝本进行编写,学生学习掌握后,向后可以熟练使用 AutoCAD 2002、2004、2007、2009、2010、2012、2013 版,向前可以熟练使用 AutoCAD 2015、2016、2017、

2018 版等。

　　本书在使用中对教学场所硬件、教学过程及对教师和学生的要求是：在具有多媒体设备的机房实施教学，全程采用多媒体，因为教材内容就是本着"做中学、学中做"的教学过程设计的；教师先进行必要的讲解和示范，然后学生练习，教师旁站辅导(若为共性问题，则用多媒体统一演示解答；若为个别问题，则单独辅导)；教师示范和学生练习必须交叉进行，每次课必须交替两次以上(两讲两练)；学生除完成课堂训练和项目工作任务外，还需完成课外训练任务，以巩固每个项目所学习掌握的技能，从而达到技能目标。

　　本书由杨凌职业技术学院龙建明担任主编。各项目的编写分工如下：龙建明编写项目一～项目三、项目十、项目十四、项目十五，杨凌职业技术学院马艳丽编写项目十六～项目十八，杨凌职业技术学院赵媛编写项目十九～项目二十一，河北工程技术学院刘翠焕编写项目二十三～项目二十八，杨凌职业技术学院曹利刚编写项目十一～项目十三，杨凌职业技术学院晁阳编写项目七～项目九，杨凌职业技术学院郭改琴编写项目四～项目六。88 个教学视频由龙建明主讲并录制。

　　由于编者水平所限，书中难免存在不妥之处，敬请读者批评指正，在此深表谢意。

编　者

目　　录

项目一　AutoCAD 的初步知识与基本操作

 **学习要点**

- AutoCAD 2014 软件的启动、退出方法
- AutoCAD 的应用领域、发展历史与主要功能
- AutoCAD 2014 的绘图工作界面
- AutoCAD 2014 中基本命令的操作
- AutoCAD 2014 绘图环境的设置
- AutoCAD 图形文件的管理

 技能目标

- 熟练掌握 AutoCAD 2014 软件的启动、退出操作
- 熟悉并设置自己 AutoCAD 2014 的工作界面
- 掌握 AutoCAD 2014 中一些基本命令的操作
- 会进行 AutoCAD 2014 绘图环境的简单设置
- 熟悉 AutoCAD 图形文件管理操作

1.1　工 作 任 务

(1) 启动、退出 AutoCAD 2014，至少 3 次。

(2) 熟悉 AutoCAD 2014 绘图工作界面，熟练指出【标题栏】、【菜单栏】、【工具栏】、【绘图窗口】、【命令行与文本窗口】和【状态栏】的位置，明确其作用。

(3) 以输入直线绘制命令为例，学会最常用的 3 种命令输入方法。

(4) 练习掌握 3 种终止正在执行中的命令回到"待命"状态的方式。

(5) 在 E 盘以"两位数工作位置编号(计算机号)+专业班级+姓名"(如 09 一体化 18(36)王杰)建立自己的学习文件夹，用于保存自己本课程学习过程中所完成的工作任务图形。

(6) 将 AutoCAD 2014 绘图工作界面设置成和图 1-1 界面基本相同(绘图区颜色除外)，并以你的专业班级姓名(如一体化 18(36)王杰.dwg)为文件名保存图形。具体要求为：

① 【当前工作空间】为【AutoCAD 经典】。

② 关闭不常用工具栏，绘图界面只留下初学者常用的【标准】、【特性】、【绘图】、【修改】等 4 个工具栏，并拖放到尽可能不占用绘图界面的顺手位置。

③【状态栏】与图 1-3 一样。

④【绘图区滚动条】设置为"不显示"。

⑤【十字光标大小】调整为"100"。

⑥【绘图区颜色】设置为"黑色"。

⑦【拾取框大小】设置为"1/3"。

⑧【夹点尺寸】设置为"1/2"。

⑨【自动捕捉标记大小】设置为"1/2"。

⑩【自动保存】时间【保存间隔分钟数】设置为"10 分钟"。

1.2　AutoCAD 2014 的启动、退出

1．启动 AutoCAD 2014

(1) 双击桌面 AutoCAD 2014 快捷方式图标。

(2) 依次点击【开始】→【程序】→【Autodesk】→【AutoCAD 2014】。

2．退出 AutoCAD 2014

(1) 直接点击绘图界面右上角的关闭(×)按钮。

(2) 点击菜单栏【文件】→【退出】命令。

(3) 按"Ctrl+Q"组合键。

1.3　AutoCAD 概述

AutoCAD 是美国 Autodesk 公司开发的计算机辅助设计(Computer Aided Design)软件，简称 AutoCAD 或 CAD，是专门用于计算机绘图设计的软件。AutoCAD 是萌芽于 20 世纪中期，利用计算机强大的计算功能和高效率的图形处理能力，辅助工程技术人员进行工程和产品的设计与分析，以达到理想的目的或取得创新成果的一种技术手段。它是综合了计算机科学与工程设计方法的最新发展而形成的一门新兴学科。

1.3.1　AutoCAD 的应用领域

AutoCAD 是集二维绘图、三维绘图、关联数据库管理及互联网通信为一体的计算机辅助设计软件，具有易于掌握、方便快捷、体系结构开放、辅助绘图功能强大等优点。AutoCAD 能够绘制二维与三维图形、标注尺寸、渲染图形及打印输出图纸，目前已广泛应用于国民经济的各个方面，其主要的应用领域有以下几个方面。

1．机械制造业中的应用

AutoCAD 技术在机床、汽车、船舶、航空航天飞行器等机械制造业中广泛应用，在机械制造业中应用 AutoCAD 技术可以绘制精密零件、模具、设备等。

2．工程设计中的应用

AutoCAD 技术在工程领域中的应用有以下几个方面。

(1) 建筑设计：小区规划、平面布景、建筑构造设计、建筑结构设计、室内装饰设计、三维造型、建筑效果图设计与渲染等。

(2) 水利水电工程设计：灌溉工程、水力发电工程、防洪工程、供水工程等，包括各种大坝设计、闸门设计、渠道设计、水电站设计、防洪堤设计、供水管网等。

(3) 电气工程设计：低压电气回路主电路设计、控制电路设计、控制箱(屏、柜)设备安装图设计、高压电路电气主接线设计等。

(4) 交通工程设计：公路、桥梁、铁路、航空、机场、港口、码头、城市道路、高架桥、轻轨、地铁等。

(5) 市政管线设计：自来水、雨水、污水排放、煤气、电力、暖气、通信等各类市政工程管道与线路设计等。

(6) 其他工程设计和管理：如装饰设计、环境艺术设计、房地产开发与物业管理、工程概预算、旅游景点规划设计、智能大厦设计等。

3．其他应用

除上述应用领域外，AutoCAD 技术还应用于化工、纺织、家电、服装、制鞋、园林、医疗器材、体育用品等领域。

✦✦✦✦✦ 🐌 *温馨提示*✦✦✦✦

此处教师要向学生展示自己收集整理各个领域的工程图样，以直观展示 AutoCAD 的应用领域，激发学生的学习兴趣。

✦✦✦✦✦✦✦✦✦✦✦✦✦✦✦✦✦✦✦✦✦✦✦✦✦✦✦✦✦✦✦✦✦✦

1.3.2 AutoCAD 的发展历史

美国 Autodesk 公司于 1982 年 12 月开发了 AutoCAD 的第一个版本——AutoCAD 1.0，容量为一张 360 KB 的软盘，无菜单，命令需要记忆，其执行方式类似 DOS 命令。1983 年 4 月，该公司又推出 1.2 版本的 AutoCAD 软件，该版本具备尺寸标注功能。此后，Autodesk 公司几乎每年都会推出 AutoCAD 的升级版本。

1992 年，Autodesk 公司推出了适用于 Windows 操作系统的 AutoCAD R12 版本，是 AutoCAD 软件版本升级的一次飞跃，命令无需死记硬背，绘图界面直观、便于人机交流，提高了绘图效率；此外还提供了完善的 AutoLisp 语言供用户进行二次开发。1996 年 6 月，Autodesk 公司又推出了 AutoCAD R13 版本，该版本删除了 R12 版本中的 57 个命令，新增加了 70 个命令，使 R13 版本的命令达到 288 个。1997 年 6 月，Autodesk 公司又推出 AutoCAD R14 版本，该版本全面支持 Windows 95/NT，不再支持 DOS 平台，绘图界面和风格更加接近 Windows 风格，并实现了与 Internet 的连接。在 AutoCAD R14 版本之后，Autodesk 公司推出了 AutoCAD 的简体中文版，开始拓展中国市场。

1999 年 3 月，Autodesk 公司推出 AutoCAD 2000 版。接下来的几年间，又相继推出 AutoCAD 2002、AutoCAD 2004、AutoCAD 2005、AutoCAD 2006、AutoCAD 2007，直到 2008 年 3 月推出的 AutoCAD 2009，AutoCAD 的性能不断得到改进，DWG 文件功能不断得到提高，与其他软件的交互性不断得到加强。

2009 年 6 月，Autodesk 公司推出了 AutoCAD 2010，该版本新增了参数化绘图、网络对象、自由形态设计工具、三维打印、动态图块等功能。

2010 年 5 月，Autodesk 公司推出了 AutoCAD 2011，该版本新增了建立与编辑程序曲面和 NURBS 曲面等曲面造型功能，并新增了修改面、删除面与修复间隙等网面造型功能，以及倒圆角等实体造型功能，增强了回转、挤出、断面混成等功能，同时在 API 方面也有所增强。到 2018 年，Autodesk 公司每年都会在上一年版本的基础上增加新功能，目前的最新版本为 AutoCAD 2018。

本书以 AutoCAD 2014 为蓝本，学习掌握基于 AutoCAD 2014 的 CAD 技术。AutoCAD 2014 的绘图界面与操作风格在 AutoCAD 2002～2018 之间具有承上启下的作用，学习掌握了 AutoCAD 2014，也就基本能使用 AutoCAD 2002～2018 的所有版本。

✦✦✦✦✦ 🕶 温馨提示✦✦✦✦

在学习和工作中，AutoCAD 的版本并不是越高、越新就越好，AutoCAD 2002 之后的版本都具备基本绘图功能，而且是近似的，一些特殊功能大部分工程技术人员和初学者基本用不上。在版本的选择和学习时切记以下几点：

(1) AutoCAD 是工具软件，工具越顺手越好，并不是越新越好；

(2) 精通一个版本的基本应用技能，其他版本可触类旁通；

(3) 不要试着去学习掌握 AutoCAD 的所有功能，要知道所有的应用软件都有"80％与 20％规律"，即 80％的人只能用到 20％的功能；

(4) "学无止境"对 AutoCAD 软件的学习照样适用，即先学习掌握 AutoCAD 的基本技能，在以后的工作中再在工作任务的驱动下，逐步提高 AutoCAD 的技术水平。

建议教师在应用本书教学过程中，交互使用 AutoCAD 2014 与 AutoCAD 2007 两个版本，在教、学、做的过程中，让学生体会软件版本之间的异同，树立对软件版本变化的应对信心。

1.3.3 AutoCAD 的主要功能

AutoCAD 自 1982 年问世以来，经过了多次版本升级，从而使产品设计功能更趋于完善。也正因为 AutoCAD 具备强大的计算机辅助设计功能，所以它已经成为工程设计领域中应用最为广泛的计算机辅助绘图与设计软件之一。

1. 绘制与编辑图形

AutoCAD 的【绘图】主菜单、【修改】主菜单、工具栏中包括了丰富的绘图与修改工具，使用这些工具可以绘制出基本的二维和三维图形。

2. 图形尺寸标注

完整的尺寸标注是工程图不可缺少的重要组成部分，尺寸标注是向图形中添加测量注释的过程，是整个绘图过程中不可缺少的步骤。AutoCAD 的【标注】主菜单和工具栏中包括了一套完整的尺寸标注和编辑命令，使用它们可以在图形的各个方向上创建各种类型的尺寸标注，也可以方便、快速地以一定格式创建符合行业或项目标准的尺寸标注。

另外，使用 AutoCAD 的【格式】→【文字样式】菜单可以设置尺寸标注字体，使用【格式】→【标注样式】菜单可以修改、新建标注格式，达到尺寸标注与图形协调美观的效果。

3．图形信息查询与计算

工程师们在进行设计时，往往会遇到一些需要绘制草图然后进行几何解算的问题，如区域、距离、坐标、角度、绘制曲线与查曲线等，这些问题应用 AutoCAD 可以轻松解决，图画完即可查询出结果。因为 AutoCAD 绘制的图形为数字化图形，除绘制时输入的尺寸数据外，图形中隐藏着大量的数据信息，利用 List、Area 等查询命令可以很方便地查询相关图形信息。本书将通过典型案例来展示应用 AutoCAD 的计算功能解决工程实际问题。

4．渲染三维图形

在 AutoCAD 中，可以运用雾化、光源和材质，将实体渲染为具有真实感的图像。

5．输出与打印图形

AutoCAD 不仅允许将所绘图形以不同样式通过绘图仪或打印机输出，还能将不同格式的图形导入 AutoCAD 或将 AutoCAD 图形以其他格式输出。

6．二次开发功能

在 AutoCAD 中，用户可以根据自己的需要定制各种菜单和工具栏。AutoCAD 允许用户利用内嵌语言 Autolisp、Visual Lisp VBA、ADS、ARX 等进行二次开发。

1.4　AutoCAD 2014 的绘图工作界面

AutoCAD 2014 有草图与注释、三维基础、三维建模、AutoCAD 经典 4 种工作空间。图 1-1 所示为 AutoCAD 2014 的经典工作界面，它由标题栏、菜单栏、工具栏、绘图窗口、绘图十字光标、坐标系图标、命令窗口(又称命令行窗口)、状态栏等部分组成。

1. AutoCAD 2014 的
绘图工作界面

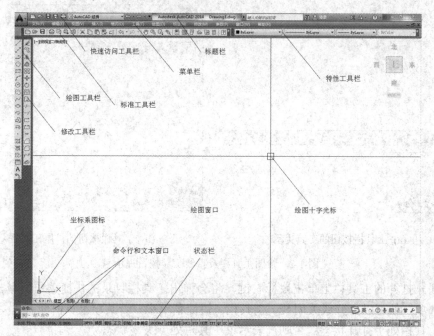

图 1-1　AutoCAD 2014 的经典工作界面

1.4.1 标题栏

标题栏位于绘图工作界面的左上方，用于显示 AutoCAD 2014 软件名称及当前所编辑图形文件的文件名。位于标题栏右侧的窗口按钮用于实现 AutoCAD 2014 绘图窗口的最小化、最大化(还原)及关闭 AutoCAD 2014 软件等操作。

1.4.2 菜单栏

菜单栏如图 1-1 所示，有【文件】、【编辑】、【视图】、【插入】、【格式】、【工具】、【绘图】、【标注】、【修改】、【参数】、【窗口】、【帮助】等 12 个主菜单。单击菜单中的某一选项，系统会自动弹出相应的下拉式菜单，AutoCAD 2014 提供的 12 个主菜单和各级下拉式菜单可以执行 AutoCAD 的绝大部分命令。

1.4.3 工具栏

AutoCAD2014 提供了 40 多个工具栏，图 1-1 所示的 AutoCAD 2014 绘图工作界面中仅仅显示了初学者常用的"标准"、"绘图"、"特性"、"修改"、"快速访问"等 5 个工具栏。

每个工具栏上均有一个形象化的按钮，单击按钮就可以执行对应的命令。将鼠标指针在工具栏按钮上稍作停留，AutoCAD 就会弹出相应的工具提示(文字提示标签)，以说明该按钮的功能及对应的绘图命令，方便初学者学习掌握 AutoCAD 2014 软件。将鼠标放在工具栏按钮上并以显示出工具提示后再停留约 2 秒，工具提示会自动变成扩展的工具提示，对该按钮的绘图命令做出更为详细的说明，如图 1-2 所示。

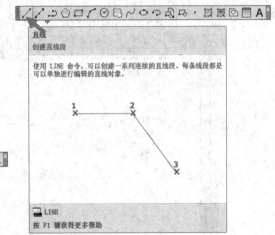

(a) 工具栏按钮的工具提示　　　　　　　　(b) 工具栏按钮的扩展工具提示

图 1-2　绘图工具栏及直线工具按钮提示

在任一打开的工具栏上单击鼠标右键，将会弹出工具栏目录的快捷菜单，单击快捷菜单中的选项，就可以打开或关闭某一工具栏。快捷菜单中，若某项菜单前面有"√"，表示对应的工具栏处于打开状态；否则，表示该工具栏处于关闭状态。

单击已打开工具栏上的"×"按钮，即可关闭该工具栏。

AutoCAD 的工具栏是浮动的，用户可以将鼠标指针放在各工具栏左面(或上边)的控制条上，按住鼠标左键不放，将工具栏拖放到绘图工作界面的任意位置。由于绘图区域有限，绘图时应根据需要只打开当前使用或常用的工具栏，并将其放置在绘图窗口的适当位置。

1.4.4　绘图窗口

绘图窗口是绘图区域显示在电脑屏幕上的可见部分，AutoCAD 的绘图区域是无穷大的，通过绘图窗口观察到区域相当于通过一个固定图框观察一张无穷大的图纸，类似我们通过房间窗户观察外面的世界。绘图窗口显示的可见图形可以通过移动绘图区域(无穷大的图纸)来进行变换。

在绘制二维图形时，默认坐标系图标的 X、Y 轴与传统数学坐标一致。鼠标指针在绘图区为十字形状，故称其为十字光标，相当于绘图笔的笔尖，十字线的交叉点为光标的当前位置。在执行某命令时，指针形状会改变。例如，在需要选择对象时，绘图区域的光标会变成一个小的方形拾取框。

1.4.5　命令行与文本窗口

命令窗口用于接受并显示用户从键盘输入的操作命令及 AutoCAD 的提示信息。在 AutoCAD 2014 中，默认情况下，命令窗口位于绘图窗口的底部，可以拖放改为浮动窗口。

对当前命令窗口输入的内容，可以试用文本编辑的方法进行编辑。AutoCAD 文本窗口是记录 AutoCAD 命令的窗口，它可以显示当前 AutoCAD 进程中命令的输入和执行过程，记录对文档进行的所有操作，便于绘图人员回访并检查绘图操作过程中可能出现的问题。

在 AutoCAD 2014 中，有以下 4 种方式可打开文本窗口：

(1) 按 F2 键；

(2) 执行 TEXTSCR 命令；

(3) 依次点击【视图】→【显示】→【文本窗口】菜单；

(4) 向上拖放绘图区下边界，可"露出"文本窗口(推荐使用)。

1.4.6　状态栏

如图 1-3 所示，状态栏位于屏幕的底部，用来显示 AutoCAD 当前的状态。十字光标在绘图区移动时，状态栏的左端方框内会跟踪显示十字光标的坐标 X、Y、Z 值(如图 1-3 中的 1162.7042，93.9668，0.0000)。另外，状态栏中还包括【捕捉】、【栅格】、【正交】、【极轴】、【对象捕捉】、【对象追踪】、【DUCS】(允许/禁止动态 UCS)、【DYN】(动态输入)、【线宽】、【模型】等 15 个功能开关按钮。

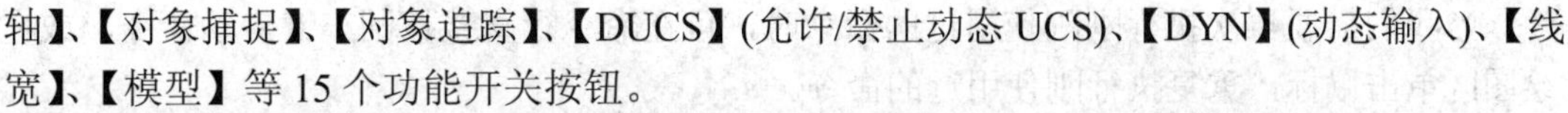

| 1162.7042, 93.9668 , 0.0000 | 捕捉 | 栅格 | 正交 | 极轴 | 对象捕捉 | 对象追踪 | DUCS | DYN | 线宽 | 模型 |

图 1-3　状态栏

1.5 AutoCAD 2014 中基本命令的操作

1.5.1 命令的输入与终止

2. AutoCAD 2014 基本命令的操作

1. 命令的输入

在 AutoCAD 系统中，所有功能都是通过命令执行实现的，熟练地使用 AutoCAD 命令有助于提高绘图的效率和精度。AutoCAD 提供了多种命令输入方式，分述如下：

(1) 在命令窗口输入命令名。命令名为英文，字符可不区分大小写，命令名输入完成要按回车键(Enter)以执行命令。执行命令时，在命令提示行中经常会出现命令选项，绘图时要注意观察提示行的命令选项做出相应操作，完成绘图工作任务。

(2) 在命令行输入命令名缩写，如 A(ARC)、B(BLOCK)、C(CIRCLE)、CO(COPY)、E(ERASE)、L(LINE)、LA(LAYER)、M(MOVE)、P(PAN)、R(REDRAW)、Z(ZOOM)等。

(3) 通过工具栏选择命令。点击【绘图】工具栏上的命令按钮可以直接启动相应命令，如图 1-4 所示。

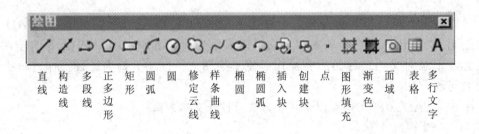

图 1-4 【绘图】工具栏及各个按钮命令名

(4) 通过下拉菜单选择命令。依次点击【绘图】→【圆弧】→【相切、相切、半径】即可完成已知圆弧的两个端点和圆心角绘制圆弧命令的选择，如图 1-5 所示。

(5) 在命令行打开快捷菜单。如果要使用前面使用过的命令，在命令行单击鼠标右键打开快捷菜单，在【近期使用的命令】子菜单中即可选择需要的命令。【近期使用的命令】子菜单中保留有最近使用的 6 个命令，如果经常重复使用这 6 个命令中的某个命令，该方法就比较简洁。

当我们需要再次执行刚刚使用过的命令时，可在命令行直接按回车键启动命令，或在绘图区单击鼠标，重复执行刚使用过的命令。

命令行输入命令并确认后，命令行随后显示的选项直接可点击【确定】按钮，而不必输入对应的字母，这是 AutoCAD 2014 的新功能。

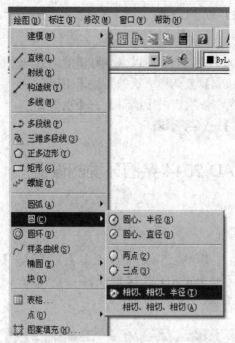

图 1-5　通过下拉式菜单选择命令示意图("相切、相切、半径"绘制圆)

2．命令的终止

AutoCAD 提供了多种命令终止方式，分述如下：

(1) 按【Esc】键。在命令执行过程中可以随时按【Esc】键终止命令的执行。

(2) 按【Enter】键。在命令执行过程中按【Enter】键一次或两次终止命令的执行。

(3) 单击鼠标右键，点击【确认】按钮。

✦✦✦✦✦ ❧ *温馨提示* ✦✦✦✦✦

1．在命令窗口输入命令时，切记要将此时的输入方式切换为英文输入方式，否则 AutoCAD 软件将无法识别用户输入的命令，这一点是初学者最容易犯的错误；

2．在输入命令后进行确认时，大部分情况下【空格】键和【Enter】键的作用效果是相同的，初学者可以在学习中体会掌握，以提高绘图效率；

3．重新启动其他命令时，要通过【Esc】键或【Enter】键终止目前正在执行的命令，养成绘图步骤清晰的良好绘图习惯。

1.5.2　命令的撤销与重做

在 AutoCAD 中，用户可以很方便地撤销前面执行过的一条或多条命令。此外，撤销前面执行的命令后，还可以通过重做来实现恢复。

1．命令的撤销

在命令执行的任何时刻都可以取消命令的执行。命令的撤销有以下几种方法：

(1) 工具栏：点击【标准】工具栏"放弃"按钮图标；

(2) 菜单栏：在菜单栏中依次点击【编辑】→【放弃】；

(3) 快捷键：按【Ctrl】+Z 组合键。

2．命令的重做

已被撤销的命令需要重做(恢复)，可以恢复撤销的最后一个命令，方法如下：

(1) 工具栏：点击【标准】工具栏"重做"按钮图标；

(2) 菜单栏：在菜单栏中依次点击【编辑】→【重做】；

(3) 快捷键：按【Ctrl】+Y 组合键。

1.6　AutoCAD 2014 绘图环境的设置

3. AutoCAD 2014 绘图界面的设置

1.6.1　切换工作界面

(1) 如图 1-6 所示，通过菜单栏切换：依次点击【工具】→【工作空间】→【AutoCAD 经典】可将工作界面切换至 AutoCAD 2014 的经典工作界面，同理可切换至草图与注释、三维基础或三维建模工作界面。

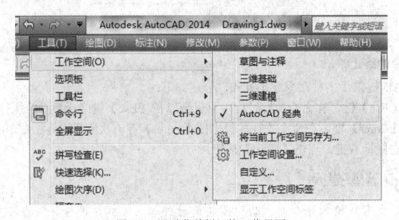

图 1-6　通过菜单栏切换工作界面

(2) 如图 1-7 所示，通过【快速访问工具栏】工作空间工具栏的下拉式列表选择切换。

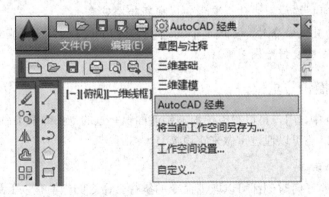

图 1-7　通过【快速访问工具栏】切换工作空间

(3) 如图 1-8 所示，通过状态栏【切换工作空间】切换按钮选择切换工作界面。

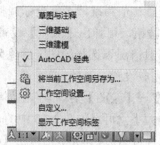

图 1-8　通过状态栏【切换工作空间】切换工作界面

1.6.2　设置绘图界面显示属性

1. 需要设置的绘图界面显示属性

(1) 是否显示绘图区滚动条。

(2) 显示精度。

(3) 根据自己的视觉习惯调整十字光标的大小。

(4) 设置绘图区颜色(黑或白)。

(5) 设置捕捉标记大小、标记颜色。

(6) 调整十字光标拾取框的大小。

2. 绘图界面显示属性设置方法

依次点击【工具】→【选项】→【显示】菜单，弹出如图 1-9 所示的设置界面对话框，在该对话框相应位置即可设置"是否显示绘图区工具条"、"显示精度"，并按照自己的绘图习惯调整十字光标大小，选择完成后点击"确定"按钮，完成设置。

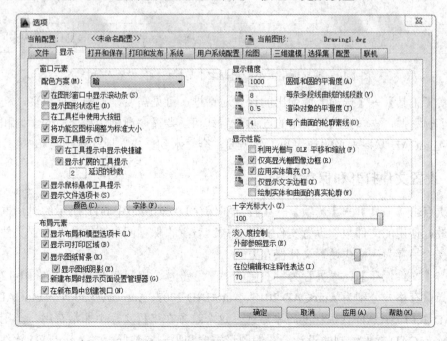

图 1-9　【工具】→【选项】→【显示】设置界面对话框

显示精度对于初学者以系统默认值为准，十字光标调整大小调整到 100 为佳。

在图 1-9 中，点击【颜色】按钮，可弹出【颜色】设置对话框，拉开【颜色(C)】选项单，选择习惯的绘图区颜色。一般情况下选择绘图区颜色为黑或白，建议设置为黑色，选择完成后点击【应用并关闭】，完成设置。

依次点击【工具】→【选项】→【绘图】菜单，弹出如图 1-10 所示的设置界面对话框，可设置自动捕捉标记大小和靶框大小，再点击图 1-10 中的【颜色】按钮可设置自动捕捉标记颜色，标记颜色建议设置为"洋红"，选择完成后点击【应用并关闭】，完成设置。

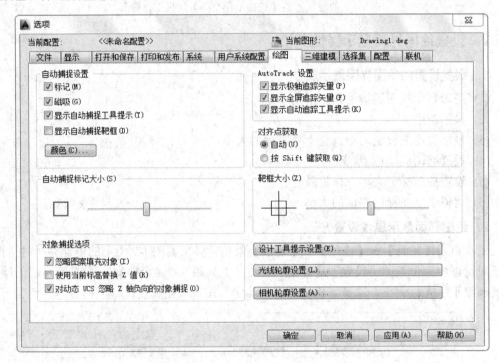

图 1-10　捕捉标记大小、靶框大小与标记颜色设置对话框

观察【工具】→【选项】所弹出的设置对话框，可见需要设置的选项很多，初学者不必全面了解掌握，先学会上述常用的 5 项设置即可。要循序渐进，在今后的学习和工作中随着对 AutoCAD 掌握水平的加深和工作需要，会"水到渠成"地深刻领会和掌握。

1.6.3　设置文件打开和保存方式

依次点击【工具】→【选项】→【打开和保存】，弹出如图 1-11 所示的对话框。通过设置"最近使用的文件数"设置文件打开方式。设置"保存间隔分钟数"设置文件安全措施。选择"另存为"格式设置文件保存方式。

点击【文件保存】→"另存为"右侧的"▼"符号，拉开选项菜单，如图 1-12 所示，可以选择保存格式分别为 AutoCAD 2013、AutoCAD 2007、AutoCAD 2004、AutoCAD 2000、AutoCAD R14 等 CAD 代表性的版本格式。这个选项在工程实际中非常有用，当用户采用高版本 AutoCAD 软件绘制的设计绘图的图形需要和另一安装低版本 AutoCAD 软件的工程技术人员进行交流时，为了保证低版本软件能打开图形，可以在保存时选择对方相应的低版本保存格式。

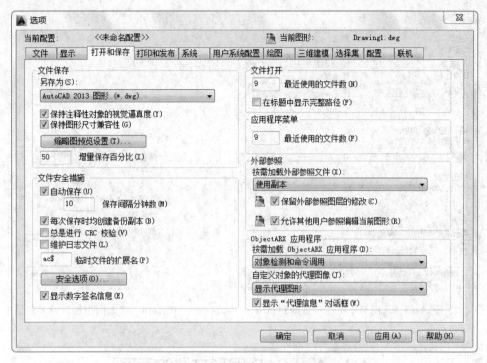

图 1-11　文件"打开和保存"方式设置对话框

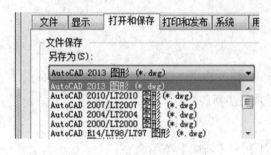

图 1-12　文件保存格式选择框

文件保存为其他 AutoCAD 版本时，点击【文件】→【另存为】菜单，在弹出的【图形另存为】对话框中，通过【文件类型】→选择类型→【保存】的路径过程来实现。

1.6.4　设置图形单位

绘图单位的设置内容有：① 长度的类型和精度；② 角度的类型、精度、角度方向(顺/逆)及角度基准方向。设置过程如下：依次点击【格式】→【单位】，可弹出如图 1-13 所示的设置选项对话框。点击各个选项的"▼"符号拉开选项单，就可以设置长度、角度类型及精度。角度的计量方向系统默认逆时针，如果要改为顺时针，可勾选"顺时针"选项。角度基准方向系统默认"东"向，即与绘图界面 X 轴正向一致，如果需要改变设置可点击

"方向"按钮，在弹出的对话框中进行设置。可点击图 1-13 "方向(D)"按钮，在弹出的图 1-14 所示的"方向控制"设置框中定义基准角度方向。

图 1-13　"图形单位"设置对话框　　　　图 1-14　"方向控制"设置对话框

1.7　AutoCAD 图形文件的管理

1.7.1　创建新图形

1．功能

创建新图形的功能是创建新的图形文件。

2．命令

(1) 依次点击【文件】→【新建】菜单命令。

(2) 点击【标准】工具栏中的【新建】命令按钮。

(3) 在命令行输入"NEW"，并按回车键。

3．命令的执行

执行上述 3 种命令之一，AutoCAD 将自动弹出如图 1-15 所示的【选择样板】对话框，在对话框中选择相应的图形样板，单击【打开】按钮，即可以相应的图形样板作为模板建立新图形。AutoCAD 软件默认以"acadiso.dwt"作为图形样板(如图 1-15 所示)，对于无特殊需要的工程技术人员和初学者，采用软件默认的图形样板即可。

样板文件通常包括一些通用图形对象，如图框、标题栏等，还包含一些与绘图相关的标准设置或通用设置，如图层、文字样式及尺寸标注样式等。用户也可以根据需要建立自己的图形样板文件。

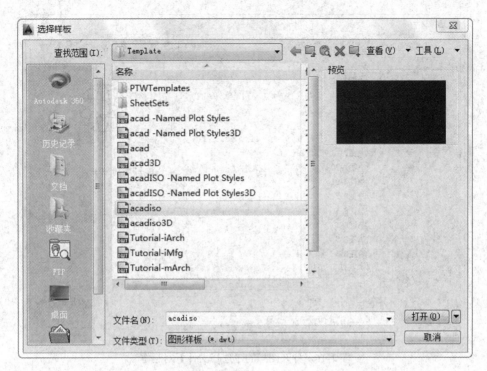

图 1-15　新建图形的【选择样板】对话框

1.7.2　打开图形

1．功能

打开图形的功能是打开已有 AutoCAD 的图形文件。

2．命令

(1) 依次点击【文件】→【打开】菜单命令。

(2) 点击【标准】工具栏中的【打开】命令按钮。

(3) 在命令行输入"OPEN"，并按回车键。

3．命令的执行

执行上述 3 种命令之一，AutoCAD 将自动弹出如图 1-16 所示的【选择文件】对话框，通过【查找范围】下拉框选择文件路径(文件所在文件夹)，通过【文件名】下拉框选择文件名，然后点击【打开】按钮打开需要打开的图形文件。

AutoCAD 软件支持多文件操作，即可以同时打开多个图形文件，并通过【窗口】下拉式菜单中的相应命令切换屏显图形文件及窗口排列方式。

另外，在【文件】下拉式菜单的下端，显示的是最近编辑使用过的文件(显示数目在图 1-11 所示的界面中进行设置)。如果要打开的文件是最近编辑使用过的文件，就可在【文件】下拉式菜单上直接点击选择打开。

图 1-16　打开图形的【选择文件】对话框

1.7.3　保存图形

AutoCAD 提供了两种保存图形文件的方式，其一是保存，其二是以新文件名另存。

1. 保存图形

(1) 功能：将当前图形保存到文件。

(2) 命令：

① 依次点击【文件】→【保存】菜单命令。

② 点击【标准】工具栏中的【保存】命令按钮。

③ 在命令行输入"QSAVE"，并按回车键。

④ 按"【Ctrl】+S"组合键。

(3) 命令的执行：如果是第一次保存当前图形文件，则执行上述命令之一后，AutoCAD 将自动弹出如图 1-17 所示的【图形另存为】对话框，通过【保存于】下拉框选择文件要保存的位置(盘符)和目标文件夹，在【文件名】下拉框输入图形文件名，然后点击【保存】按钮，将当前文件以所给文件名保存到指定位置的指定文件夹中。

第一次保存图形文件后，在随后的图形绘制过程中，如果不需要换文件名保存，就可随着绘图任务的进展，随时执行上述 4 个保存命令中的一种，将最新的图形文件保存在原文件所在位置和文件夹中。初学者一定要在绘图过程中养成良好的绘图习惯，随时保存阶段性绘图成果。如图 1-11 所示，如果设置了【自动保存】【保存间隔分钟数】(图 1-11 为10 分钟)，软件将会每隔 10 分钟将最新的绘图成果保存下来。

2. 以新文件名另存图形

(1) 功能：将当前图形以新的文件名保存在新的位置、新的文件夹。

(2) 命令：

① 依次点击【文件】→【另存为】菜单命令。

② 在命令行输入"SAVEAS"，并按回车键。

(3) 命令的执行：执行文件另存命令后，AutoCAD 将自动弹出如图 1-17 所示的【图形另存为】对话框，随后的操作同第一次保存图形文件的过程。

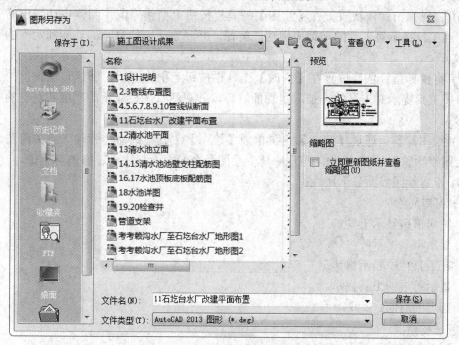

图 1-17　保存图形的【图形另存为】对话框

1.8　【课堂训练】

(1) 按照 1.1 节内容的步骤要求进行 AutoCAD 2014 的启动与退出练习。

(2) 在 E 盘以"两位数工作位置编号(计算机号)+专业班级+姓名"(如 09 一体化 18(36)王杰)建立自己的学习文件夹。

(3) 接上一步操作，设置变换并观察绘图界面。

① 切换绘图工作界面：将绘图工作界面依次切换为"三维建模"、"AutoCAD 经典"，并保存。

② 选择绘图界面显示的工具栏：设置绘图界面只显示【标准】、【绘图】、【特性】、【修改】、【图层】5 个工具栏，并将这些工具栏拖放、调整到合适的位置。

③ 切换模型/布局：在绘图区左下侧的"模型/布局选项卡"依次点击【模型】→【布局 1】→【布局 2】→【模型】，观察绘图区的显示变化。

④ 移动鼠标，观察显示屏左下角状态栏 X、Y、Z 坐标数值随着绘图十字光标的变化移动的变化情况。

(4) 依次点击【文件】、【编辑】、【视图】、【插入】、【格式】、【工具】、【绘图】、【标注】、

【修改】、【参数】、【窗口】、【帮助】12 个主菜单(一级主菜单)，再点击下拉各个二级、三级菜单，熟悉其内容(以便后边用到时能快速找到)。

(5) 将鼠标指针依次放置在【标准】工具栏按钮上稍作停留，阅读自动弹出的工具名称和扩展工具提示对工具的详细应用功能解释，并观察状态栏显示的功能和对应的绘图命令(英文)。

(6) 将鼠标指针依次放置在【绘图】工具栏按钮上稍作停留，阅读自动弹出的工具名称和扩展工具提示对工具的详细应用功能解释，并观察状态栏显示的功能和对应的绘图命令(英文)。

(7) 将鼠标指针依次放置在【修改】工具栏按钮上稍作停留，阅读自动弹出的工具名称和扩展工具提示对工具的详细应用功能解释，并观察状态栏显示的功能和对应的绘图命令(英文)。

(8) 绘图涂鸦：通过【绘图】主菜单或【绘图】工具栏或命令行输入有关绘图命令，进行绘图"涂鸦"，在"涂鸦"过程中感受绘图命令的输入与终止、撤销与重做。

(9) 设置绘图界面显示属性：

① 窗口元素：

■ 图形窗口显示工具条。

■ 显示工具提示。

■ 在工具栏中显示快捷键。

■ 显示扩展的工具提示。

■ 延迟的时间：2 秒。

② 显示精度：

■ 圆弧和圆的平滑度：5000。

■ 每条多段线曲线的线段数：100。

■ 渲染对象的平滑度：5。

■ 每个曲面的轮廓素线：20。

③ 十字光标大小：100。

④ 绘图区颜色：黑。

⑤ 捕捉靶框大小——1/2；标记大小——1/3；颜色——洋红。

(10) 设置文件打开和保存方式：

① 文件保存。

■ 另存为：AutoCAD 2010 图形(*.dwg)。

② 文件安全措施。

■ 自动保存。

■ 保存间隔分钟数：5。

■ 每次保存时均创建备份副本。

③ 文件打开：

■ 最近使用的文件数：9。

■ 在标题中显示完整路径。

(11) 设置图形单位：

■ 长度：类型——小数；精度——0.00。

■ 角度：度/分/秒；精度——0d00'00.0"。

■ 逆时针。

■ 基准方向角度：东。

(12) 完成本项目工作任务。

1.9 【课外训练】

(1) 课后再次完成课堂训练的 12 项任务。

(2) 学习本项目并通过有关资讯简述 AutoCAD 的应用领域、发展历史和主要功能。

(3) 思考并回答为什么 Autodesk 公司要不断推出 AutoCAD 新版本，新版本的推出时间与命名存在什么规律？

项目二 直线的绘制

学习要点

- 直线的绘制命令
- 用绝对坐标值绘制直线
- 用相对坐标值绘制直线
- 用极坐标值绘制直线
- 观察图形

技能目标

- 会调用 AutoCAD 绘制直线的命令
- 会用绝对坐标值、相对坐标值、极坐标值绘制直线
- 会根据实际情况恰当地选择绝对坐标法、相对坐标法、极坐标法绘制图形
- 会熟练使用图形观察工具改变图形的视窗显示属性，提高绘图效率
- 会查看、校核绘制图形的正确性

2.1 绘制第一幅 CAD 图

4. 图 2-1 的完成过程

按照图 2-1 所示尺寸绘制图形。

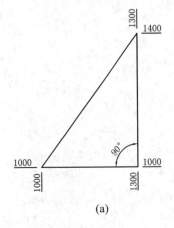

(a)

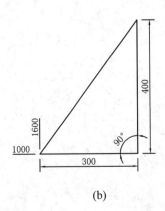

(b)

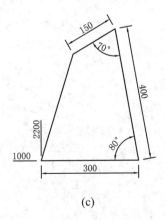

(c)

图 2-1 绘制第一幅 CAD 图

2.2 任 务 分 析

2.2.1 项目任务分析

图 2-1(a)为三个顶点坐标分别为(1000，1000)、(1300，1000)、(1300，1400)的直角三角形。图 2-1(b)为一个顶点坐标为(1600，1000)，两直角边长分别为 300、400 的直角三角形(隐含斜边长为 500，思考为什么？)。图 2-1(c)为已知一个顶点坐标为(2200，1000)，并已知三个边长、两个内角度数的四边形。

2.2.2 工作过程

要完成图 2-1 所示任务，须经过以下几个工作过程：

(1) 用绝对坐标值绘制图 2-1(a)：根据三角形三个顶点的坐标值，采用绝对直角坐标值直接绘制三角形。

(2) 用相对坐标值绘制图 2-1(b)：从左下角开始，先根据已知的坐标值采用绝对坐标法确定直线的第一点，随后依次根据第二点相对于第一点的坐标增量 ΔX、ΔY 完成三角形的绘制。

(3) 用极坐标值绘制图 2-1(c)：从左下角开始，先根据已知的坐标值采用绝对坐标法确定直线的第一点，然后根据直线长度和直线与 X 轴正向的夹角依次绘制多边形的各条边，即可完成多边形的绘制。

(4) 随时解决绘图过程中出现的其他问题。

2.3 直线绘制的命令与实践

2.3.1 绘制直线的命令与执行

在 AutoCAD 中，执行绘制直线命令的方法有以下几种：

(1) 命令行：输入"LINE"或"L"，并按 Enter 键。

(2) 菜单栏：依次点击打开【绘图】→【直线】菜单。

(3) 工具栏：单击"绘图"工具栏中的 ╱ (直线)按钮。

命令执行后，在命令窗口显示"指定第一点:"提示信息，按照提示信息可在绘图区点击(任意坐标)确定第一点，或输入坐标值指定第一点。如图 2-1(a)，第一点需要输入(1000，1000)，X 坐标值与 Y 坐标值之间要用","隔开。

第一点确定后，在命令窗口显示"指定下一点或[放弃(U)]:"提示信息，如果需要放弃，在命令行输入"U"并按 Enter 键结束，如果要继续画线，在命令行输入"下一点"坐标值。工程技术上一般要求要精确绘图，"下一点"的指定不提倡用鼠标在绘图区点击随意指定，要输入数值精确绘图。

要精确绘制直线，"下一点"的指定可采取以下几种方式进行：

(1) 应用"绝对直角坐标值"指定点。格式：X 坐标值，Y 坐标值。

(2) 应用"相对直角坐标值"指定点，即输入相对于上一点的直角坐标增量值。格式：@X 坐标增量，Y 坐标增量。

(3) 应用"相对极坐标值"指定点，即输入相对于上一点的极坐标增量值。格式：极半径(线段长度)<极角角度。注意：极角角度以 X 轴正向为基准，以逆时针方向为正向。

2.3.2　绘制第一幅 CAD 图

(1) 绘制图 2-1(a)(采用绝对直角坐标法)。绘制过程如下：

在命令行输入"LINE"或"L"并回车；

(或点击"绘图"工具栏中的 ╱ (直线)按钮，或依次点击打开【绘图】→【直线】菜单)

在命令行"指定第一点:"提示后输入"1000，1000"，回车；

在命令行"指定下一点或[放弃(U)]:"提示后输入"1300，1000"，回车；

在命令行"指定下一点或[放弃(U)]:"提示后输入"1300，1400"，回车；

在命令行"指定下一点或[闭合(C)/放弃(U)]:"提示后输入"C"，回车；

完整过程将会显示在命令文本窗口中，如图 2-2 所示("╱"表示回车)。

注意最后一步，命令行提示为"指定下一点或 [闭合(C)/放弃(U)]:"，说明应用 AutoCAD 直线命令绘制多个线段组成的闭合图形时，最后一段线可直接输入"C"闭合到第一点，不必通过键盘输入起始点的坐标即可完成最后一段线的绘制。

```
命令: LINE ╱
指定第一点: 1000,1000 ╱
指定下一点或 [放弃(U)]: 1300,1000 ╱
指定下一点或 [放弃(U)]: 1300,1400 ╱
指定下一点或 [闭合(C)/放弃(U)]: C ╱
```

图 2-2　图 2-1(a)绘制过程命令

温馨提示

注意：输入数据前要查看状态栏"DUCS"、"DYN"两个功能按钮的状态，应该为"非启用"状态，即按钮未按下(详见项目五)。

(2) 绘制图 2-1(b)(采用相对直角坐标法)。绘制过程如下：

LINE╱

_line 指定第一点: 1600,1000╱

指定下一点或 [放弃(U)]: @300,0╱

指定下一点或 [放弃(U)]: @0,400╱

指定下一点或 [闭合(C)/放弃(U)]: C╱

注意：绘制图 2-1(b)的关键是要弄清楚"下一点"相对于"前一点"的直角坐标值的增量，并按规范要求输入。

(3) 绘制图 2-1(c)(采用相对极坐标法)。

对图 2-1(c)数值信息进行梳理，如图 2-3 所示。线段 BC 相对于 X 轴正向极角为 100°，线段 CD 相对于 X 轴正向极角为 –150°(或 210°)。

绘制过程如下：

LINE↙

指定第一点: 2200,1000↙

指定下一点或 [放弃(U)]: @300<0↙

指定下一点或 [放弃(U)]: @400<100↙

指定下一点或 [闭合(C)/放弃(U)]: @150<–150↙

指定下一点或 [闭合(C)/放弃(U)]: C↙

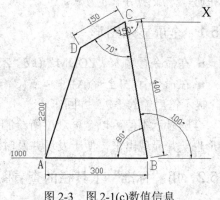

图 2-3　图 2-1(c)数值信息

2.4　【课堂训练1】

按照老师的讲解演示及教材中提供的步骤提示绘制图 2-1。

◆◆◆◆◆ ❓ **可能遇到的问题与解决方案**◆◆◆◆

(1) 命令不执行：输入命令并确认后，软件不执行。初学者经常会遇到这个问题。原因：输入命令时，输入法处于汉字输入状态，造成 AutoCAD "不认识"。解决方案：将输入法切换至英文状态，或在汉字输入法时按下 Caps Lock 键。

(2) 绘制的图形看不见：绘制完第一幅 CAD 图时，在 AutoCAD 绘图区却看不到绘制的成果，因第一次绘图而诚惶诚恐地怀疑自己的绘图操作有问题。原因：所绘制图形有严格的定位坐标，可能恰好不在屏幕显示的绘图区域内(可以将十字光标先后放置在绘图区的左下角和右上角，通过观察状态栏跟踪十字光标显示的坐标值得到绘图区域的坐标范围)。解决方案：在命令行输入 "Z"，回车，再输入 "E"，回车，找回图形并全屏显示。

(3) 还是看不见成果：完成了绘图，输入 "Z"，回车，再输入 "E"，回车，还是看不见图。原因：还是初学者易出现的错误，问题的关键是绘图者 "只管操作不管效果"，第一步或中间某步骤错误了，但不注意观察命令行的提示信息，不管不顾地继续输入相关数据，输完想看结果却看不见。解决方案：养成一个良好的绘图习惯——每一步操作要观察命令行的提示信息，明确后再进行下一步操作。

(4) 如果想删除错误图形，可采用 "撤销" 命令或选中对象后按 Delete 键删除。

◆◆◆◆◆◆◆◆◆◆◆◆◆◆◆◆◆◆◆◆◆◆◆◆◆◆

2.5　欣赏我的第一幅 CAD 图

初学者在绘图过程中往往会遇到的普遍问题：① 看不见自己的绘图成果；② 看不清自己的绘图成果；③ 看到了图形，但无法确认绘图的正确性，如坐标、尺寸等。

不用着急！这主要是初学者还不会使用 AutoCAD 相关工具。初学者要查看自己的绘图成果时，一般采用下述方式。

2.5.1 全屏显示图形

■ 在命令行输入"ZOOM"(或"Z")并回车。

■ 在命令行"[全部(A)/中心点(C)/动态(D)/范围(E)/上一个(P)/比例(S)/窗口(W)] <实时>:"提示符后输入"E"并回车。

全屏显示不但可以全屏观察所绘制的图形，还可将因为不规范操作所绘制的"垃圾"图形也一并显现出来，便于发现并及时清理无意绘制的"垃圾"图形。

2.5.2 用"标准"工具栏的查看图形工具观察图形

"标准"工具栏中的查看图形工具如图 2-4 所示。

实　实　窗
时　时　口
平　缩　缩
移　放　放

图 2-4　"标准"工具栏的查看图形工具

"实时平移"工具用于移动图形，但不改变图形的坐标位置。相当于通过移动图纸使图形挪到窗口的合适位置以便于观察(因此又称其为"视窗平移")。点击工具按钮启动实时平移命令，绘图十字光标变成人手形状，单击鼠标左键并移动，即可移动图形。

"实时缩放"工具用于在视窗中放大或缩小图形(因此又称其为"视窗缩放")，类似于放大镜功能，但不改变图形的实际大小。点击工具按钮启动实时缩放命令，绘图十字光标变成放大镜形状，单击鼠标左键，向上移动放大图形，向下移动缩小图形。也可直接滚动鼠标滚轮实现图形缩放。

"窗口缩放"工具用于放大图形的某个局部位置，用于图形细部观察。点击工具按钮启动窗口缩放命令，当绘图十字光标变成十字线，按下鼠标左键，选择将要放大的区域即可将选中区域全屏放大。

2.5.3 核对图形的正确性

初学者还没有掌握尺寸标注技能，因此无法用标注来测量图形的有关尺寸数据，以检验图形绘制的正确性。如此会使初学者没有绘图的完整感和成就感，但是我们可以采用以下两种方式来校核图形的正确性。

(1) 观察 AutoCAD 2014 工作界面最下部的状态栏，根据随光标变化的 X、Y、Z 数值来校核绘图坐标的正确性。

操作过程如下：

■ 鼠标单击状态栏"对象捕捉"按钮。

■ 点击"绘图"工具栏 ╱ (直线)按钮，绘图十字光标变为十字线。

■ 移动十字光标到需要检查坐标数值的线段端点，待端点的方框形对象捕捉符号出现后，可读取状态栏坐标数据，与绘图时输入的题目要求数据进行对照，即可检查绘图坐标的正确与否。

■ 按 Esc 键结束坐标查询。

(2) 用列表查询命令"LIST"检查。

■ 在命令行输入"LIST"，并回车。

■ 在命令行"选择对象:"提示状态下，点选需要查询的线段，并回车。

■ 观察弹出的如图 2-5 所示"AutoCAD 文本窗口"，可检查选定线段的端点坐标、长度、角度、X 坐标增量、Y 坐标增量等大量信息。

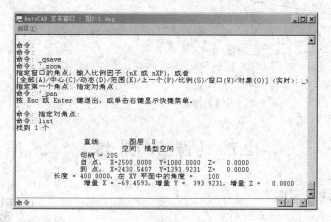

图 2-5　AutoCAD 文本窗口

2.6　【课堂训练2】

(1) 全屏显示所绘制的图形；用"标准"工具栏的查看图形工具观察所绘制的图形；核对所绘制图形的正确性。

5. 图 2-6 的完成过程

(2) 按照图 2-6 所示尺寸绘制图形。

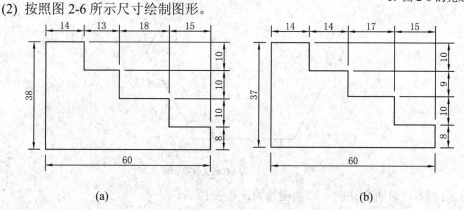

(a)　　　　　　　　　　　　(b)

图 2-6　阶梯图形

(3) 绘制如图 2-7 所示多边形，并核对多边形各个角点坐标的正确性。

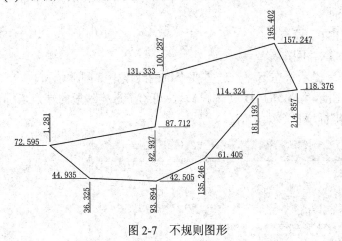

6. 图 2-7 的完成过程

图 2-7　不规则图形

2.7　【课外训练】

(1) 绘制图 2-8 所示图形。

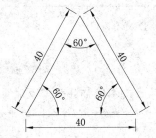

7. 图 2-8、2-9 的完成过程

图 2-8　边长为 40 的正三角形

(2) 用相对极坐标法绘制图 2-9 所示边长为 60 的正六边形。

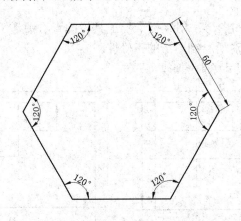

图 2-9　边长为 60 的正六边形

(3) 绘制本项目所有插图，以插图号为图形文件名。

项目三　直线尺寸的标注

学习要点

- 对齐标注
- 线性标注
- 直线夹角标注
- 直线端点坐标标注
- 基线标注
- 连续标注
- 修改尺寸标注样式

技能目标

- 会用"对齐"格式标注线段长度
- 会用"线性"格式标注线段 X 轴、Y 轴增量
- 会标注两直线夹角
- 会标注直线端点坐标
- 会使用基线标注及连续标注
- 能根据尺寸标注效果修改"标注样式"，使尺寸标注与图形协调美观

3.1　工　作　任　务

完成项目二中图 2-1 和图 2-6(a)、(b)的尺寸标注。

3.2　任　务　分　析

　　项目二绘制的图 2-1、图 2-6(a)、(b)还算不上是一个完整的图形，主要的问题是缺少尺寸标注，学生会因为缺乏成就感而遗憾。本教材打乱常规教材的知识体系，采用工作任务驱动的项目教学的初衷，就是在每个项目学完后都让学生看到自己完整的绘图成果，以成就感激发学生的学习兴趣，提高教学实效，促进学生逐步提高 CAD 绘图技能。

　　因此，尺寸标注的学习势在必行。工程图中需要标注的尺寸类型很多，学习掌握也一定要有一个循序渐进的过程。所以本项目根据上一个项目的实际需要，只学习与直线有关的尺寸标注，如对齐标注、线性标注、坐标标注、角度标注、基线标注、连续标注等。尽管需要标注的尺寸类型很多，但尺寸标注的过程以及设置方法是相通的，掌握一个(比如本项目)，其他完全可以触类旁通。

尺寸标注和设置的一般原则：先标注，再修改。即先标注出来，再看看效果，若不合适再进行调整，最终达到协调、美观。

3.3 尺寸标注

8. 直线尺寸标注

单击【标注】菜单，打开如图 3-1 所示的尺寸标注类型选项菜单，可点选启动需要的标注类型，或在如图 3-2 所示的"标注"工具栏中，点选标注类型图标启动需要的标注类型。

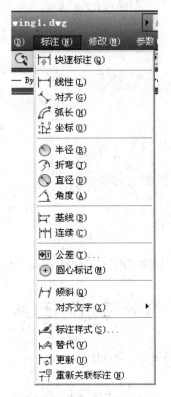

图 3-1 【标注】菜单

图 3-2 "标注"工具栏

3.3.1 对齐标注

长度尺寸的标注包括四个部分(参见图 3-3)：① 文字(数字)；② 箭头；③ 尺寸线；④ 尺

寸界线。对齐标注的尺寸，尺寸线始终平行于尺寸界线两个端点连成的直线。如果标注的是线段，则平行于所标注的线段；如果标注的是圆弧，则平行于圆弧端点的连线。

图 3-3   长度尺寸的四个组成部分

在 AutoCAD 中，调用对齐标注命令及执行过程如下：

(1) 依次点击打开【标注】→【对齐】菜单，或点击"标注"工具栏 ⬂(对齐)按钮。

注意命令行出现的"指定第一条尺寸界线原点或 <选择对象>:"提示信息和十字光标的变化。

(2) 按下状态栏"对象捕捉"按钮，打开对象捕捉。

(3) 用十字光标点击要标注线段的第一个端点。

注意端点捕捉符号"□"和"指定第二条尺寸界线原点:"提示信息。

(4) 用十字光标点击要标注线段的另一个端点。注意此时在十字光标上已出现的尺寸。

(5) 沿与线段垂直的方向移动十字光标，尺寸线将随之移动，在尺寸线的合适位置单击鼠标左键确认，完成尺寸标注。

【练习 1】绘制图 3-4，并标注对齐尺寸。

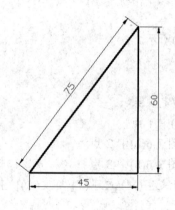

图 3-4   对齐标注练习

3.3.2   线性标注

线性标注用于标注对象两端点连线的 X 坐标和 Y 坐标的增量，所以线性标注会有两个结果，即 ΔX 和 ΔY，ΔX 水平放置，ΔY 垂直放置。

在 AutoCAD 中，依次点击【标注】→【线性】菜单即可调用线性标注命令，执行过程类似于对齐标注。命令执行后，根据命令行提示先点选线段第一个端点，再点选线段第二个端点，然后向垂直方向推拉，到合适位置点击放下，完成 ΔX 数值标注；向水平方向推拉，到合适位置点击放下，完成 ΔY 标注。

【练习 2】绘制图 3-5，并标注线性尺寸。

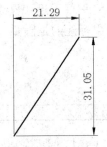

图 3-5　线性标注练习

3.3.3　角度标注

角度标注用于测量选定的对象或三个点之间的角度。可以选择的对象包括圆弧、圆、三点和直线等。

依次点击打开【标注】→【角度】菜单，可调用角度标注命令。

过程描述如下：

(1) 两直线夹角标注。

命令：DIMANGULAR；

选择圆弧、圆、直线或<指定顶点>：选择角度第一边

选择第二条直线：选择角度第二边

指定标注弧线位置或[多行文字(M)/文字(T)/角度(A)]：拖拉尺寸到合适位置单击鼠标左键

角度标注的功能如图 3-6(a)所示。

(2) 三点夹角标注。

命令：DIMANGULAR；

选择圆弧、圆、直线或<指定顶点>：↙

指定角的顶点：如图 3-6(b)中 1 点

指定角的第一个端点：如图 3-6(b)中 2 点

指定角的第二个端点：如图 3-6(b)中 3 点

指定标注弧线位置或[多行文字(M)/文字(T)/角度(A)]：拖放标注到合适位置后单击鼠标左键放下，标注完成。

★圆的两半径夹角及圆弧中心角的标注请学生自己练习掌握。

【练习 3】完成图 3-6 所示的角度标注。

  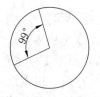 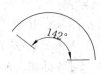

　(a) 两直线夹角的标注　　(b) 三点角度的标注　　(c) 圆的半径夹角的标注　　(d) 圆弧中心角的标注

图 3-6　角度标注的功能

3.3.4 坐标标注

坐标标注用于测量并标出点的 X、Y 坐标数值。

依次点击打开【标注】→【坐标】菜单，可调用坐标标注命令。按照命令行提示可完成坐标标注。AutoCAD 默认的坐标标注方式为 X、Y 坐标单独标注，X 坐标垂直放置，Y 坐标水平放置，一个点的坐标标注要进行两次。

【练习4】标注图 2-7 所示图形的线段端点坐标。

3.3.5 基线标注

基线标注如图 3-7 所示，是指标注具有共同测量点的一些尺寸，这个共同的测量点叫做基线。基线标注的一些尺寸因为具有一个共同的测量点，因此必然具有共同的尺寸界线。基线标注不是独立的标注方式，它要和对齐标注结合使用。在要标注的一系列尺寸中，第一个尺寸采用对齐方式标注，从第二个尺寸开始执行基线标注命令，就会以第一次标注的第一个尺寸界线为基线完成一系列尺寸的基线标注。

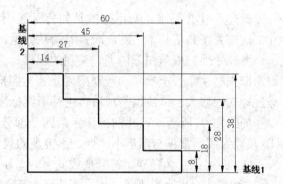

图 3-7　基线标注示例

下面以图 3-7 水平方向尺寸标注为例来说明基线标注的操作过程：

依次点击打开【标注】→【对齐】菜单，启动对齐标注命令。先点击长度为 14 的线段的左点(第一测量点)，再点击右点(第二测量点)，推拉点击放置尺寸到合适位置。

再依次点击打开【标注】→【基线】菜单，启动基线标注命令。依次点击长度为 27、45、60 的右侧测量点，即可自动完成这三个尺寸的基线标注。

【练习5】绘制图 3-7，并按照图示要求标注尺寸。

3.3.6 连续标注

连续标注如图 3-8 所示，是指标注测量点首尾相接的一些尺寸。连续标注的效果采用单个对齐标注也可以实现，但不同之处在于，连续标注可以自动使尺寸处于一条线上，显得美观整齐。而单个对齐标注若要实现同样效果则难度较大，需要肉眼观察对齐，效率低，效果差。

连续标注不是独立的标注方式，它要和对齐标注结合使用。要标注的一系列尺寸中，第一个尺寸采用对齐方式标注，从第二个尺寸开始执行连续标注命令，就会标注出一系列首尾相接的连续尺寸。

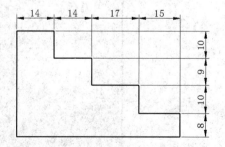

图 3-8　连续标注示例

下面以图 3-8 水平方向尺寸标注为例来说明连续标注的操作过程：

依次点击打开【标注】→【对齐】菜单，启动对齐标注命令。先鼠标点击左点(第一测量点),再点击右点(第二测量点),推拉点击放置长度为 14 的尺寸到合适位置。

再依次点击打开【标注】→【连续】菜单,启动连续标注命令。依次点击其后需要标注的长度为 14、17、15 的第二测量点,即可自动完成这三个尺寸的连续标注。

【练习6】绘制图 3-8,并按照图示要求标注尺寸。

3.4 修改标注样式

9. 修改标注样式

3.4.1 尺寸的组成

标注尺寸并不难,真正难的是如何标注出与图形协调且美观的尺寸,这需要在具备基本美感判断素养的基础上,具备尺寸标注设置的能力。

要高效地完成与图形协调、美观的尺寸标注,就要遵循"先标注,再修改"的基本原则。即先标注第一个尺寸,当观察到尺寸与图形不协调时,应先停止尺寸标注,进行尺寸标注样式的修改,待协调美观后再进行后续标注。

如图 3-3 所示,尺寸的标注包括四个部分:① 文字(数字);② 箭头;③ 尺寸线;④ 尺寸界线。常见与图形不协调、不美观的尺寸标注问题主要有:

(1) 文字:字体怪异、符号变成问号、太小看不清、太大不协调、文字位置不合适等。

(2) 箭头:太小看不清、太大不协调、箭头样式不符合要求等。

(3) 尺寸界线:距离图形轮廓太近,导致尺寸与图形分离不清;太远则标得不清,超出尺寸线部分太长或太短。

如果存在以上问题,只有通过尺寸标注样式管理器修改标注样式,才能使尺寸标注达到协调美观的效果,所以修改(设置)标注样式是尺寸标注的关键环节。

3.4.2 标注样式管理器

依次点击打开【格式】→【标注样式】,进入图 3-9 所示的"标注样式管理器"对话框。

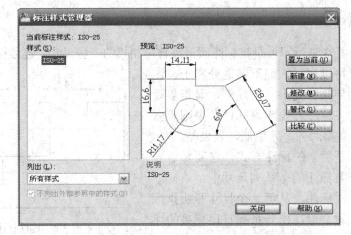

图 3-9 "标注样式管理器"对话框

点击"修改"按钮,进入图 3-10 所示的"修改标注样式"对话框。在该对话框中可以设置尺寸标注的格式,从图 3-10 可以看出,需要设置的选项很多,有"线"、"符号和箭头"、

"文字"、"调整"、"主单位"、"换算单位"、"公差"等项。

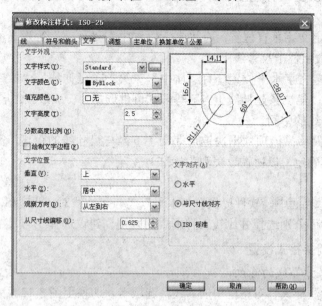

图3-10 "修改标注样式"对话框尺寸标注"文字"格式修改界面

1. 文字格式修改

点击"文字"选项卡，进入图3-10所示的文字格式修改设置对话框。在该对话框中，可修改设置"文字外观"、"文字位置"及"文字对齐"格式。详述如下：

1) 文字外观

(1) 文字样式：保持软件默认的"Standard"不变，点击右侧复选框，弹出图3-11所示尺寸标注"文字样式"设置对话框。根据绘图规范要求设置"字体"，如"宋体"；字体样式选"常规"；"高度"保持默认不变(在图3-10所示界面中设置文字高度)。设置完成后点击"应用"，然后关闭对话框退出"文字样式"设置界面，返回图3-10所示对话框。

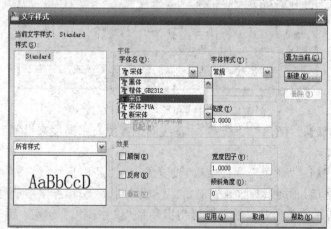

图3-11 "文字样式"设置对话框

(2) 文字颜色：默认"ByBlock"(黑色)，可点击选项框右侧下拉列表进行颜色选项修改。

(3) 文字高度：根据图形尺寸的数量级修改文字高度。初学者一般没有经验，不可能一次修改到位，可反复调整数值大小，直到文字高度与图形协调为止。

2) 文字位置

(1) 垂直：确定文字垂直位置。有"上"、"置中"、"外部"等形式可供选择，一般选择"上"，即尺寸数字位于尺寸线上方。

(2) 水平：确定文字水平位置。有"居中"、"第一条延伸线"、"第二条延伸线"、"第一条延伸线上方"、"第二条延伸线上方"等形式可供选择，一般选择"居中"，即尺寸数字位于两条尺寸线界线的中间。

(3) 从尺寸线偏移：该项数据决定尺寸文字下缘与尺寸线的距离，需要根据图形尺寸数量级和文字高度确定，以协调、美观为标准。

3) 文字对齐

在图3-10所示界面中，软件提供有"水平"、"与尺寸线对齐"、"ISO标准"三种形式可供选择，初学者可分别选择并比较三种形式的区别。建议选择"与尺寸线对齐"。

2. 尺寸线和箭头格式设置

1) 尺寸线和尺寸界线的修改

点击"修改标注样式"对话框中的"线"选项卡，切换至图3-12所示的"线"格式设置对话框。在该对话框界面中修改以下内容，其他暂采用默认值。

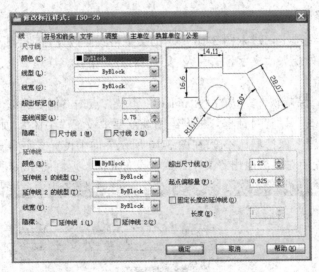

图3-12 尺寸线和尺寸界线修改对话框

(1) 尺寸线。默认"颜色"、"线宽"，基线间距参照文字高度来设置，一般为文字高度的2.0～2.5倍为宜。

(2) 延伸线。默认"颜色"、"线宽"，设置(修改)"超出尺寸线"和"起点偏移量"参数。超出尺寸线是指尺寸线以上(或外侧)的尺寸界线长度，起点偏移量是指尺寸界线下端点距离所标注线段端点的距离。初学者可初步参照"文字高度"确定"超出尺寸线"和"起点偏移量"参数，可先取与"文字高度"一致，再根据效果在此基础上微调。

2) 箭头

点击"修改标注样式"对话框中的"符号和箭头"选项卡，切换至图3-13所示的"符号和箭头"格式设置对话框。

图 3-13　符号与箭头设置对话框

　　箭头的修改主要指修改(设置)其形状和大小。软件中提供了多种箭头形状可供选择。一般选择"实心闭合"型，箭头大小参数初定为与"文字高度"参数一致，后面再根据效果在此基础上微调。

3. 调整主单位

　　点击"修改标注样式"对话框中的"主单位"选项卡，切换至图 3-14 所示的"主单位"格式设置对话框。在图 3-14 所示的对话框中，需要设置"线性标注"和"角度标注"两项。

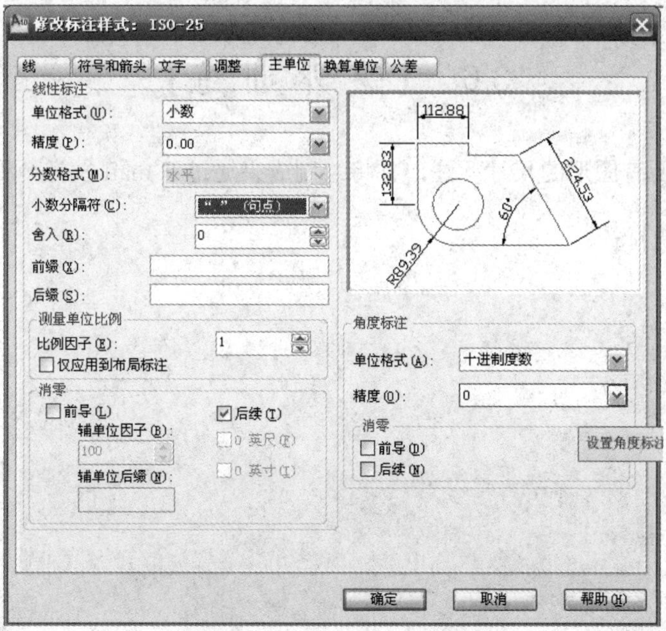

图 3-14　主单位设置对话框

1) 线性标注

单位格式：有"科学"、"小数"、"工程"、"建筑"、"分数"可供选择，一般选择"小数"作为尺寸标注单位格式。

精度：可在整数至精确到小数点后 8 位(即 0~0.00000000)之间选择设置。

2) 角度标注

单位格式：有"十进制度数"、"度/分/秒"、"百分度"、"弧度"可供选择，一般选择"度/分/秒"作为尺寸标注单位格式。

精度：与"单位格式"对应提供了多种精度选项，对应"度/分/秒"选择精度为"0d00'00'"。

◆◆◆◆◆ ⚠ **注意**◆◆◆◆

每一步修改(设置)完成后要点击"确定"按钮，并按顺序退回到上一级对话框，回到图 3-9 所示的"标注样式管理器"对话框后，点击"置为当前"→"关闭"，返回到绘图界面。

初学者不可能一次将尺寸标注样式修改(设置)到位，使图形协调、美观，要善于观察、对比、总结，经反复调整后可获得协调、美观的尺寸标注，并积累经验以提高绘图效率。

◆◆◆◆◆◆◆◆◆◆◆◆◆◆◆◆◆◆◆◆◆◆◆◆◆◆◆◆◆◆◆◆

3.5 【课 堂 训 练】

(1) 完成本项目工作任务：即绘制图 2-1 和图 2-6(a)、(b)，并完成其尺寸标注。

(2) 参照图 2-1 绘制"我的第二幅 CAD 图"，角度不变，将图 2-1 中长度尺寸和坐标数据缩小到原来的 1/10。

3.6 【课 外 训 练】

完成项目二所有图形的尺寸标注，并将绘制成果通过 E-mail 发送至作业邮箱。

项目四 圆的绘制与标注

学习要点

- 圆的绘制命令
- 圆心、半径画圆和圆心、直径画圆
- 两点画圆和三点画圆
- 相切、相切、半径画圆和相切、相切、相切画圆
- 半径标注与直径标注

技能目标

- 会调用 AutoCAD 绘制圆的命令
- 会使用 AutoCAD 提供的 6 种画圆方法绘制圆
- 会标注圆的半径和直径
- 会综合利用项目二、项目三所掌握的技能来绘制图形

4.1 工 作 任 务

(1) 按照图 4-1 所示尺寸绘制图形，并求出 L、φ、r 的数值。

(2) 按照图 4-2 所示尺寸绘制图形，并求出 L、φ 的数值。

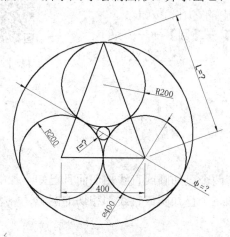

图 4-1 圆与圆的相切

10. 图 4-1 的完成过程

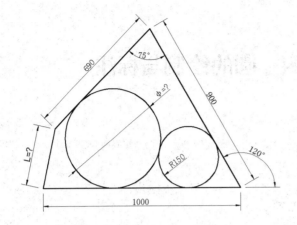

11. 图 4-2 的完成过程

图 4-2　圆与直线的相切

4.2　任 务 分 析

通过分析图 4-1、图 4-2 可知，绘制该图需要具备的技能是直线绘制、圆的绘制及尺寸标注。

需要求解的 L、φ、r 的数值可在绘图完成后采用尺寸标注直接标注出来。直线绘制和尺寸标注在项目二、三中已经学习掌握，本项目需要学习掌握的是圆的绘制和直径、半径的尺寸标注，并综合应用项目二和本项目所学技能完成图 4-1、图 4-2 所示的工作任务。

4.3　圆 的 绘 制

在 AutoCAD 中，执行绘制圆命令的方法有以下几种：

(1) 命令行：输入"CIRCLE"或"C"，并按 Enter 键。

(2) 工具栏：单击"绘图"工具栏中的 ⊘(圆)按钮。

(3) 菜单栏：依次点击打开【绘图】→【圆】→……菜单。

AutoCAD 提供了 6 种基本的绘制圆方法，这些方法都包含在

12. 圆的绘制

【绘图】菜单下的【圆】命令中，它们是：

■ 用圆心、半径画圆。

■ 用圆心、直径画圆。

■ 用直径的两个端点画圆。

■ 用圆通过的三点坐标画圆。

■ 相切、相切、半径画圆：绘制和两个已知圆或直线相切而且已知半径的圆。

■ 相切、相切、相切画圆：绘制和三个已知圆或直线都相切的圆。

1. 用圆心、半径画圆

【范例 1】　绘制圆心坐标(300，500)，半径为 200 的圆。

依次点击打开【绘图】→【圆】→【圆心、半径】菜单，命令行提示及操作如下：

命令: _circle 指定圆的圆心或 [三点(3P)/两点(2P)/相切、相切、半径(T)]:300,500✓
指定圆的半径或 [直径(D)]: 200✓

2. 用圆心、直径画圆

【范例2】　绘制圆心坐标(600，1000)，直径300的圆。

依次点击打开【绘图】→【圆】→【圆心、直径】菜单，命令行提示及操作如下：

命令: _circle 指定圆的圆心或 [三点(3P)/两点(2P)/相切、相切、半径(T)]:600,1000✓

指定圆的半径或 [直径(D)] <200.0000>: D✓

指定圆的直径 <400.0000>: 300✓

3. 用直径的两个端点画圆

【范例3】　绘制直径两个端点坐标分别为(900，300)、(1250，330)的圆。

依次点击【绘图】→【圆】→【两点(2)】菜单，命令行提示及操作如下：

命令: _circle 指定圆的圆心或 [三点(3P)/两点(2P)/相切、相切、半径(T)]: _2p ✓

指定圆直径的第一个端点: 900,300✓

指定圆直径的第二个端点: 1250,330✓

4. 用圆通过的三点坐标画圆

【范例4】　绘制经过(1300，750)、(1400，1000)、(1500，700)三点所决定的圆。

依次点击【绘图】→【圆】→【三点(3)】菜单，命令行提示及操作如下：

命令: _circle 指定圆的圆心或 [三点(3P)/两点(2P)/相切、相切、半径(T)]: _3p ✓

指定圆上的第一个点: 1300,750✓

指定圆上的第二个点: 1400,1000✓

指定圆上的第三个点: 1500,700✓

5. 用相切、相切、半径画圆

【范例5】　绘制图4-3所示图形。

13. 六个范例完成过程演示

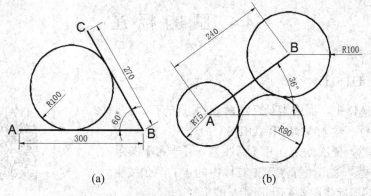

(a)　　　　　　　　　　　　(b)

图4-3　相切、相切、半径绘制圆示例

图4-3(a)绘制过程如下：

(1) 绘制线段AB、BC。(过程描述略)

(2) 打开"对象捕捉"：点击屏幕下方状态栏中的【对象捕捉】按钮。

(3) 依次点击【绘图】→【圆】→【相切、相切、半径】菜单，命令行提示及操作如下：

命令：_circle 指定圆的圆心或 [三点(3P)/两点(2P)/相切、相切、半径(T)]：_ttr
此时十字光标变成随动相切图标的十字线 ⊕。

指定对象与圆的第一个切点：用十字光标点击线段 AB

指定对象与圆的第二个切点：用十字光标点击线段 BC

指定圆的半径 <165.1720>：100✓

设置并标注尺寸。

图 4-3(b)绘制过程与图 4-3(a)类似，只是选择相切对象为 A、B 两个圆。

相切对象也可以是一个圆或一条直线，操作方法与之类似。

6. 用相切、相切、相切画圆

【范例 6】 绘制如图 4-4 所示与三个圆外切
的圆。

绘制过程如下：

(1) 打开"对象捕捉"：点击屏幕下方状态栏
中的【对象捕捉】按钮。

(2) 依次点击打开【绘图】→【圆】→【相切、
相切、相切】菜单，命令行提示及操作过程如下：

命令：_circle 指定圆的圆心或 [三点(3P)/两
点(2P)/相切、相切、半径(T)]：_3p

指定圆上的第一个点：_tan 到 在第一个圆
外侧点击指定切点大概位置

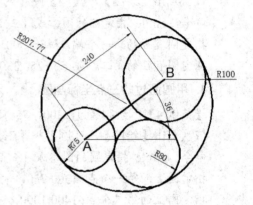

图 4-4 相切、相切、相切绘制圆示例

指定圆上的第二个点：_tan 到 在第二个圆外侧点击指定切点大概位置

指定圆上的第三个点：_tan 到 在第三个圆外侧点击指定切点大概位置

4.4 圆 的 标 注

4.4.1 半径的标注

在 AutoCAD 中，调用半径标注命令的方法有以下几种：

(1) 命令行：输入"DIMRADIUS"命令。

(2) 菜单栏：依次点击打开【标注】→【半径】菜单。

(3) 工具栏：单击"标注"工具栏中的 ◯ (半径)按钮。

【范例 7】 标注图 4-4 所示圆 A 的半径。

操作过程如下：

14. 圆的标注

(1) 依次点击打开【标注】→【半径】菜单。此时命令行提示"选择圆弧或圆："，同时
十字光标变成方形拾取框。

(2) 用拾取框点选圆 A。此时命令行出现"指定尺寸线位置或 [多行文字(M)/文字(T)/

角度(A)]:",拾取框变为带着半径标注尺寸的十字线。

(3) 移动十字线,将半径尺寸标注拖放到合适位置,点击"放下",标注完成。

用同样的方法可完成图 4-4 所示其他圆的半径标注。

4.4.2 直径的标注

在 AutoCAD 中,调用直径标注命令的方法有以下几种:

(1) 命令行:输入"DIMDIAMETER"命令。

(2) 菜单栏:依次点击打开【标注】→【直径】菜单。

(3) 工具栏:单击"标注"工具栏中的 ◎(直径)按钮。

标注操作过程与半径的标注类似,此处省略。

4.5 【课 堂 训 练】

(1) 按照老师的讲解及教材中提供的步骤提示完成下列工作任务,并标注各个圆的半径和直径。

① 绘制圆心坐标(300,500),半径 200 的圆。

② 绘制圆心坐标(600,1000),直径 300 的圆。

③ 绘制直径两个端点坐标分别为(900,300)、(1250,330)的圆。

④ 绘制经过(1300,750)、(1400,1000)、(1500,700)三点所决定的圆。

⑤ 绘制图 4-3 所示图形。

⑥ 绘制与图 4-3(b)所示三个圆内切的圆,如图 4-4 所示。

(2) 完成图 4-1、图 4-2 所示本项目绘图工作任务。

4.6 【课 外 训 练】

(1) 再次完成【课堂训练】所有任务,巩固熟悉所掌握技能。

(2) 完成如图 4-5 所示的图形绘制,并确定 R1、R2 的数值。

15. 图 4-5 的完成过程

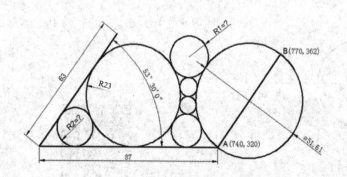

图 4-5 课外训练(2)工作任务

项目五　功能按钮的使用与线型设置

学习要点

- 状态栏功能按钮的使用
- 线型的选择与设置

技能目标

- 会恰当使用功能按钮，提高绘图效率与精度
- 树立并培养精确绘图的意识与能力
- 会根据绘图线型规则恰当设置图形中的各种线型

5.1 工 作 任 务

本项目工作任务如图 5-1～图 5-3 所示。

5.2 任 务 分 析

图 5-1～图 5-3 都涉及精确绘图，主要是一些特征点的确定，如图 5-1 周边 4 个圆是以中心圆的四个象限点为圆心，都通过中心圆的圆心，这就需要在绘图过程中利用软件的功能，快速准确地确定象限点及圆心特征点。

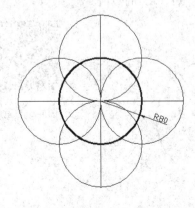

图 5-1　按照图示尺寸绘制图形

16. 图 5-1、5-2、5-3 的完成过程

图 5-2 中 A 点位置和圆给定，要作两条切线，就需要准确地确定从 A 点出发的直线和圆的切点。

图 5-3 要求出已知圆和已知直线的最短距离，首先要确定最近点。从几何原理可知，这个最近点必然是通过圆心 O 的线段 AB 垂线和圆的交点，这样问题最终就落实到如何过圆心 O 作线段 AB 的垂线的问题了。

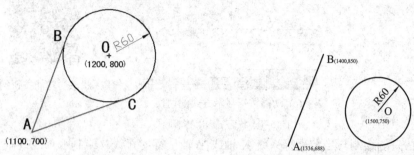

图 5-2　绘图并求出两切线 AB、AC 的长度　　图 5-3　绘图并求出圆 O 到线段 AB 的最短距离

AutoCAD 具备能够快速准确地确定这些特征点的功能，通过功能按钮的合理使用和相关设置就可以实现，这是本项目要完成的任务之一。

另外，经过直线绘制、圆的绘制、尺寸标注的学习，读者已经能够绘制出较为完整的图形，但是绘制的图形线条没有宽度、形状、颜色的区别，所以还算不上是完美的工程图样。

为此，图形线型的选择与设置就需要尽快学习和掌握了。

5.3　状态栏功能按钮及其使用

5.3.1　功能按钮及其作用

为了方便、准确地绘图，AutoCAD 提供了一些辅助功能按钮，状态栏上功能按钮如图 5-4(a)、(b)所示，有【捕捉】、【栅格】、【正交】、【极轴】、【对象捕捉】、【对象追踪】、【DUCS】、【DYN】、【线宽】等 15 个功能按钮。功能按钮的显示方式有"文字显示"和"图标显示"两种，如图 5-4(a)、(b)所示，显然"文字显示"更加直观。将鼠标箭头置于任一按钮后单击右键，将会弹出如图 5-4(c)所示的界面，点击"使用图标"可实现"文字显示"和"图标显示"的切换。

对于初学者而言，并不是所有功能按钮都能用得上，本项目只介绍部分功能按钮的功能，不用的功能按钮在绘图过程中不要按下(开启)。

部分功能按钮按下(开启)状态时的功能如下：

(1) 捕捉：绘图区的十字光标只能按设定间距跳跃式移动。一般不用，至少精确作图不用。所以无特殊绘图要求不要按下【捕捉】按钮。

(2) 栅格：绘图区域显示分布一些按设定行距和列间距排列的栅格点，相当于小学生写字的方格纸，打开栅格后绘图区的十字光标也只能按设定间距跳跃式移动。一般不用，至少精确作图不用。所以无特殊绘图要求不要按下【栅格】按钮。

| INFER | 捕捉 | 栅格 | 正交 | 极轴 | 对象捕捉 | 3DOSNAP | 对象追踪 | DUCS | DYN | 线宽 | TPY | QP | SC | AM |

(a) "文字显示"的功能按钮

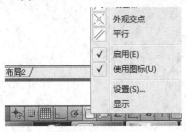

(b) "图标显示"的功能按钮

外观交点

平行

✓ 启用(E)

✓ 使用图标(U)

设置(S)...

显示

布局2

17. 状态栏功能按钮的使用

(c) 功能按钮显示方式的切换

图 5-4 状态栏功能按钮

(3) 正交：只能绘制与当前坐标系 X 轴或 Y 轴平行的直线。绘制水平线或垂直线时应用，绘制斜线时需关闭。

(4) 极轴：光标按设定角度增量沿极轴方向移动。极少用，无特殊绘图要求勿打开。

(5) 对象捕捉：按设置自动、精确地捕捉图形对象上的特征点。很有用，也很常用，要善于使用。详述见后。

(6) 对象追踪：光标沿着基于对象捕捉点的对齐路径进行追踪。不常用，无特殊要求不建议打开。

(7) DUCS(允许/禁止动态 UCS)：创建对象时，使 UCS 的 XY 平面自动与实体模型上的平面临时对齐。初学者或一般水平用户不常用，勿动。

(8) DYN(动态输入)：按下此按钮后，将会出现一个跟随绘图十字光标的命令提示行和绘图数据输入框，是否启用视用户绘图习惯而定。初学者可以打开【动态输入】按钮进行感受，再决定是否需要应用。

(9) 线宽：打开此按钮时，显示图形线宽，图形线条会有粗细之分，有层次感、成品感；关闭此按钮时，线条均为细线。建议绘图时关闭此按钮，观察成果图时再开启它。

5.3.2 "对象捕捉"功能设置及其应用

10 个功能按钮中，其他 9 个功能按钮使用简单，只需点击打开或关闭即可，但"对象捕捉"功能按钮则需要设置才可使用。下面专门就"对象捕捉"功能按钮的设置和使用进行概述。

在绘图过程中，利用对象捕捉功能可以快速准确地确定一些特殊点，如圆心、切点、端点、终点、垂足、交点等。如果只凭观察来找这些点，既不容易也很不准确，与工程技术须精确绘图的要求相悖。

1. 不设置而应用软件默认的对象捕捉设置

AutoCAD 提供了 13 种对象捕捉特征点，如图 5-5【草图设置】对话框所示。在绘图过程中应用对象捕捉时，如果不对对象捕捉属性进行设置，AutoCAD 将会默认全部启用 13 个对象捕捉特征点(即各特征点前的复选框都会被勾选)。

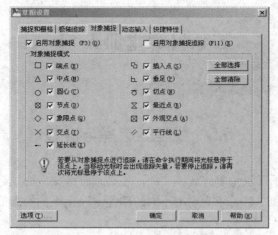

图 5-5　"草图设置"对话框

在大部分绘图工作过程中，采用这种方式是可行的；在一些特定情况下，如在绘制两圆的公切线、捕捉特征点太近会干扰需要捕捉的点时，则需要关闭一些捕捉特征点，只保留绘图需要的特征点，并根据绘图进展需要，随时设置需要捕捉的特征点。

2. 设置对象捕捉

依次点击【工具】→【草图设置】菜单，或用鼠标右键点击状态栏【对象捕捉】功能按钮，在弹出的菜单中点击【设置】命令，可打开如图 5-5 所示的对话框。

注意：【对象捕捉】按钮处于打开状态和关闭状态时，弹出选项框中的选项内容是有所区别的。

在图 5-5 所示的对话框中，如果要关闭某些特征点的对象捕捉，点选特征点前方框将"√"符号去掉即可；如果只需要打开某一个(或少量)特征点对象捕捉，先点击"全部清除"按钮，再点选需要打开的对象捕捉特征点即可。

例如：要作两个圆的公切线时，只需打开"切点"对象捕捉，其他特征点对象捕捉则要全部关闭。先点击"全部清除"，再选择"切点"后，图 5-5 所示的【草图设置】对话框会变成图 5-6 所示的对话框。

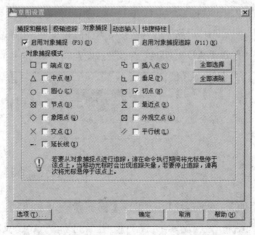

图 5-6　绘制"切点"的对象捕捉设置

5.4 【课堂训练 1】

绘制图 5-1～图 5-3，完成本项目工作任务。

5.5 线型的选择与设置

工程图样的线条不仅仅是单一连续实线，还必须有诸如中心线、虚线等不同线型，线条的粗细也有层次区别，有时还需要用不同的颜色来表示不同类型的对象，所以正确地选择和设置线型至关重要。

线型有狭义与广义之分，狭义线型仅仅指线条的形状，不包含颜色和线宽；广义的线型不仅包括显示线条形状的线型，还包括颜色和线宽。图形中采用符合相关专业规范的线型，可以从视觉上很轻松地区分不同的绘图元素，便于查看和修改图形。

线型的选择与设置可在图 5-7 所示的"特性"工具栏中进行。工具栏有三个选项菜单，左侧为颜色选择，中间为线型选择与设置，右侧为线宽选择。

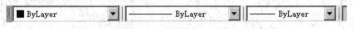

图 5-7 线型选择与设置的"特性"工具栏

5.5.1 线型的选择与设置

18. 线型的选择与设置

这里的线型是指狭义线型。

除连续实线外，线型是由点、线段和空格等按照一定规律重复排列出现而成的图案，复杂线型还可能包含各种符号。

1. 选择线型

点击"特性"工具栏线型选择下拉列表，打开线型选择栏，如图 5-8 所示。初次选择线型时，由于没有预先加载其他线型，在线型选项栏中仅仅罗列了"Bylayer"、"ByBlock"、"Continuous"三种实线线型供用户选择。如果这几种线型不能满足用户的绘图要求，就需要通过"线型管理器"从 AutoCAD 中加载需要的线型。

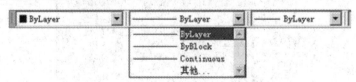

图 5-8 线型选择栏

2. 加载线型

点击图 5-8 中的"其他"，或依次点击打开【格式】→【线型】菜单，即可打开如图 5-9 所示的"线型管理器"对话框，点击"加载"按钮，打开"加载或重载线型"对话框(如图 5-10 所示)，选择合适的线型后点击"确定"，可将所选线型加载到当前图形线型库中。

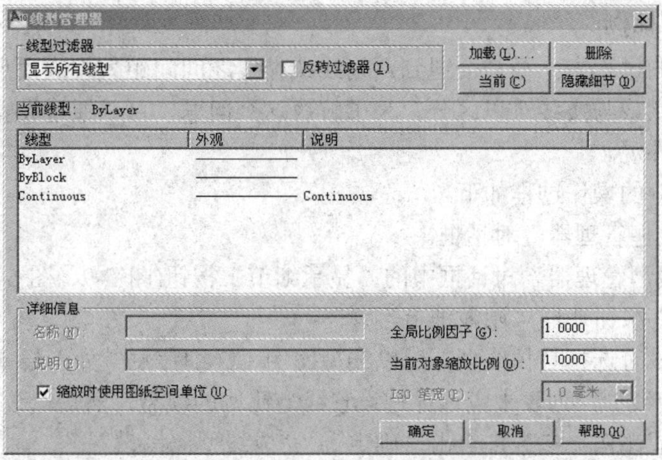

图 5-9　"线型管理器"对话框

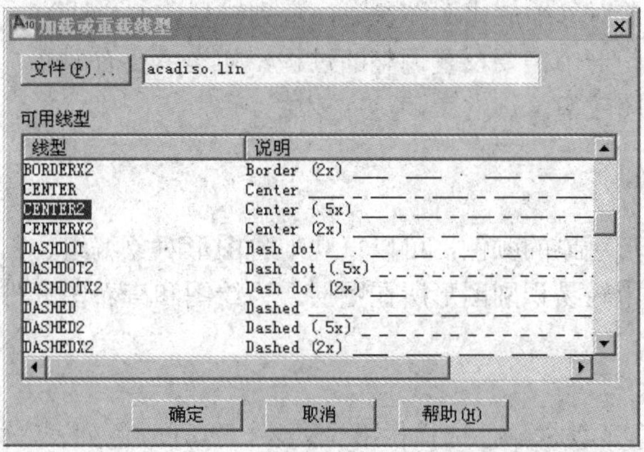

图 5-10　"加载或重载线型"对话框

图 5-11 为在图 5-9 基础上加载了虚线(ACAD_ISO02W100)、中心线(CENTER2)、煤气管道线(GAS_LINE)后新的"线型管理器"，显然加载后"当前线型"库中已多出这三种线型。

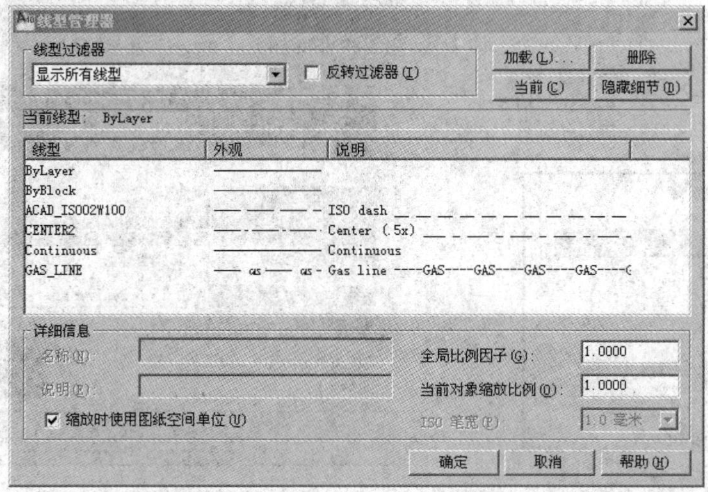

图 5-11　加载"虚线"、"中心线"、"煤气管道线"后的线型管理器

3.设置线型比例

在绘制图形的过程中，经常会遇到点划线或虚线之间间距太大或太小的问题，甚至看不见点划线的形状或与实线难以区分。为了解决这个问题，可以通过设置图形中的线型比例来改变线型的外观。

设置线型比例的操作过程如下：

(1) 打开"线型管理器"对话框。

(2) 点击"线型管理器"对话框中的"显示细节"按钮(图 5-9、图 5-11 中已经打开，所以"显示细节"按钮变成"隐藏细节")。

此时由于还没有选择具体线型，所以线型比例"详细信息"处于隐藏状态。

(3) 在"当前线型"列表中点选计划设置线型比例的线型，然后修改"全局比例因子"或"当前对象缩放比例"参数，点击"确定"，完成线型比例设置。

(4) 用刚设置好线型比例的线型绘制直线，检查设置效果，如果不妥，再次修改"全局比例因子"或"当前对象缩放比例"参数，直到线型比例合适为止。

线型比例的设置是一个需要反复调整的过程，初学者要有耐心，并及时总结设置规律及技巧，从而提高绘图效率。

5.5.2 颜色的选择

通过指定不同图形对象的颜色，可以直观地将图形对象编组、归类。特别是通过图层指定颜色可以在图形中轻易识别图形所在图层，为绘图和查看图形带来极大方便。颜色选择的过程如下：

(1) 选取对象。

(2) 点击"特性"工具栏颜色选择栏下拉列表，打开颜色列表，如图 5-12 所示，点选列表中的合适颜色，即完成颜色的选择。

如果列表中没有合适的颜色，可点击"选择颜色"打开更丰富的"索引颜色"选项卡，添加颜色到列表，如图 5-13 所示。

图 5-12　颜色选择栏　　　　　　　　　图 5-13　"选择颜色"对话框

5.5.3 线宽的选择

不同宽度的线可用于表现不同大小或类型的对象。通过控制图形显示和打印时的线宽，可以进一步区分图形中的对象。另外，使用线宽不同的粗线和细线可以清楚地表现出部件的截面、边线(轮廓线)、尺寸线和标记等。

线宽的选择过程如下：

(1) 选取对象。

(2) 点击"特性"工具栏线宽选择栏下拉列表，打开线宽列表，如图 5-14 所示，点选列表中的合适线宽即可。

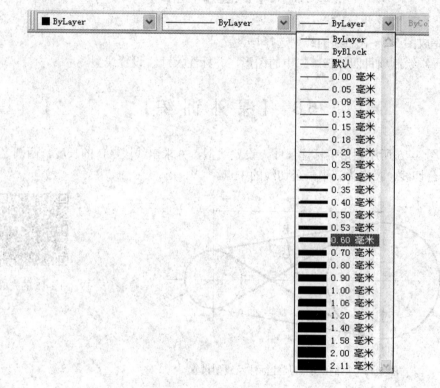

图 5-14　线宽选择列表

5.6　线型选择与设置的一般原则

线型选择与设置的一般原则是：

(1) 根据绘制图形所涉及的专业规范要求确定。

● 机械工程图：按照机械工程绘图相关规范确定线型。

● 电气工程图：按照电气工程绘图相关规范确定线型。

● 水利工程图：按照水利工程绘图相关规范确定线型。

● 建筑工程图：按照建筑工程绘图相关规范确定线型。

…………

(2) 在本课程学习、训练过程中，关于常用线型选择与设置的约定如下：

① 图形轮廓线：线型"Bylayer"，线宽 0.3 mm(如果要打印输出则需设置为 0.5 mm)，颜色"Bylayer"或自定。

② 中心线：线型"Center2"，线宽"Bylayer"，颜色"Bylayer"或自定。

③ 图框线：线型"Bylayer"，线宽 0.6 mm(如果要打印输出则需设置为 0.5 mm)，颜色"Bylayer"或自定。

其他线型以图形协调、美观为原则自定。

5.7 【课堂训练2】

(1) 完成图 5-1～图 5-3 的线型选择与设置。

(2) 再次绘制项目四、三、二中的图形，并标注尺寸、设置线型。

5.8 【课 外 训 练】

绘制图 5-15 所示图形，标注尺寸，设置线型，并求出线段 AB 的长度。两圆之间的 4 段线皆为公切线，A 点为其中一公切线的中点。

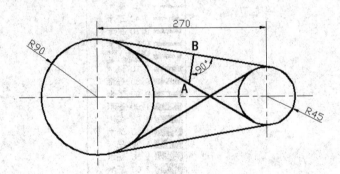

19. 图 5-15 的完成过程

图 5-15 圆的绘制、尺寸标注及线型设置

项目六　图形的修改与特性匹配

学习要点

■ 修改图形
■ 特性匹配

技能目标

■ 能熟练使用删除、复制、镜像、偏移、移动、修剪、延伸 7 个图形
　修改命令来编辑图形
■ 会熟练使用特性匹配工具，提高绘图效率

20. 图形的修改与特性匹配

6.1　工 作 任 务

绘制图 6-1 所示的图形。

21. 图 6-1 的完成过程

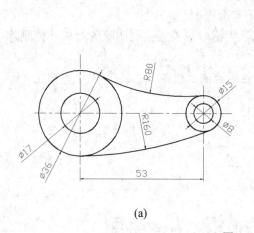

(a)

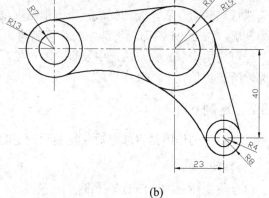

(b)

图 6-1　图形的修改

6.2　任 务 分 析

图形的修改是绘图过程中一项必不可少的重要内容，即使是手工绘制图形，也总会需

要将绘制错误的线条(或底稿线条)擦掉(删除)，将多绘制的部分去除(修剪)。经常会遇到绘制平行线或整个平行的图形，还有长度不够的线条或圆弧需要加长延伸。如图 6-1(a)中，R80 和 R160 的圆是采用"相切、相切、半径"方法绘制的一个完整的圆，切点之外的多余部分需要修剪掉。图 6-1(b)中的圆弧也需要采用"相切、相切、相切"绘制完成后进行修剪，右下圆圆心的定位需要以中间大圆中心为基点向下 40、向右 23 进行平行定位。所以，要完成本项目工作任务就必须学习掌握图形修改的技能。

AutoCAD 具有强大的图形修改编辑功能，图 6-2 所示为 AutoCAD2010 的"修改"工具栏。工具栏上的工具图标名称从左至右依次为：删除、复制、镜像、偏移、阵列、移动、旋转、缩放、拉伸、修剪、延伸、打断于点、打断、合并、倒角、倒圆角、分解。

本项目先学习掌握删除、复制、镜像、偏移、移动、修剪、延伸 7 个修改工具的使用。

图 6-2　"修改"工具栏

6.3　图形的修改

6.3.1　删除

执行删除命令的方法有如下 3 种。

(1) 命令行：输入"ERASE"或"E"，并按 Enter 键确认。

(2) 工具栏：点击"修改"工具栏中的 (删除)按钮。

(3) 菜单栏：依次点击【修改】→【删除】菜单命令。

执行删除命令后，光标变成一个方形拾取框，用拾取框点击需要删除的对象，使删除对象变虚，按 Enter 键即可将选中的对象删除。

也可先用十字光标点击选中要删除的对象，然后点击"修改"工具栏中的 按钮，即可删除所选对象。

6.3.2　复制

复制命令的作用是将选定对象复制到指定的位置。

1. 命令

执行复制命令的方法有如下 3 种。

(1) 命令行：输入"COPY"或"CP"或"CO"命令。

(2) 菜单栏：依次点击【修改】→【复制】菜单命令。

(3) 工具栏：点击"修改"工具栏中的 (复制)按钮。

2. 执行过程

执行复制命令后，命令窗口提示及操作如下：

命令：COPY↙

执行后十字光标变成方形拾取框

选择对象：点击选择要复制的对象↙

指定基点或[位移(D)] <位移>：用十字光标拾取复制基点

指定位移的第二点或<用第一点作位移>：十字光标点击要复制的目标位置

如果要复制多个对象，则只要重复点击即可。

如果要复制到一个确定的地点，可以用相对坐标进行定位。如要将对象复制到右侧 100 个绘图单位的位置，则只需输入"@100，0"，按回车键即可。

✦✦✦✦✦ ⚠ *注意*✦✦✦✦

为了保证绘图精度及绘图效率，复制时基点的选择非常重要。下面采用范例来说明这个问题。

【范例1】绘制如图 6-3 所示图形，图中 15 个圆半径皆为 15，且两两相切。

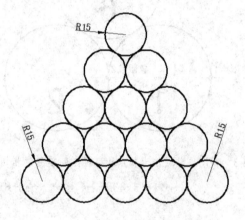

图 6-3　15 个半径为 15 的相切圆

为了说明绘图过程，可将 15 个圆进行编号，如图 6-4 所示。

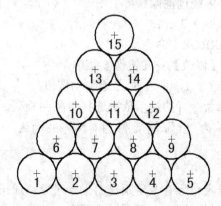

图 6-4　编号后的 15 个半径为 15 的相切圆

绘制过程如下:

(1) 绘制圆1。

(2) 复制和圆1相切的圆2:执行复制命令,点选"象限点1"作为基点,"象限点2"作为目标点,就可以精确复制和圆1相切的圆2,如图6-5所示。采用同样方法完成圆3、圆4、圆5的复制。

(3) 用"相切、相切、半径"绘制圆6。

(4) 将圆6作为对象进行复制,复制圆7、8、9、10、11、12、13、14、15:执行复制命令,选中圆6,选择圆1的圆心作为基点,以圆2的圆心作为目标点复制出圆7,以圆3的圆心作为目标点复制出圆8,以圆4的圆心作为目标点复制出圆9,以圆6的圆心作为目标点复制出圆10,……,依此类推,以圆13的圆心作为目标点复制出圆15。作图完成。

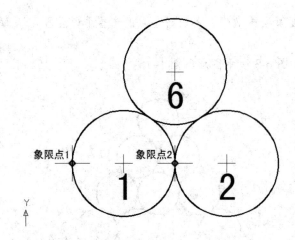

图6-5 利用象限点作为基点和目标点精确复制相切圆

✦✦✦✦✦✦✦✦✦✦✦✦✦✦✦✦✦✦✦✦✦✦✦✦✦✦✦✦✦✦✦✦

6.3.3 镜像

镜像命令是以一条线或一个平面为基准,创建与原图形对称的图形。绘制复杂的对称图形时,可以先绘制一半,再经过镜像获得全图。

执行镜像命令的方法有如下3种。

(1) 命令行:输入"MIRROR"命令。

(2) 菜单栏:依次点击【修改】→【镜像】菜单命令。

(3) 工具栏:点击"修改"工具栏中的 ⚠(镜像)按钮。

执行镜像命令后,按照命令行的提示依次选择对象并确认,选择镜像线上的两点,输入是否删除源对象指令(删除为"Y",不删除为"N")并确认。

6.3.4 偏移

偏移命令用于创建与选定对象有一定距离的平行对象,通俗地说就是作平行线。可以进行偏移的操作对象包括直线、圆弧、椭圆、椭圆弧、多边形、二维多段线、构造线、射线、样条曲线等。

执行偏移命令的方法有如下 3 种。

(1) 命令行：输入"OFFSET"命令。

(2) 菜单栏：依次点击【修改】→【偏移】菜单命令。

(3) 工具栏：点击"修改"工具栏中的(偏移)按钮。

偏移命令执行后，命令行出现"指定偏移距离或[通过(T)/删除(E)/图层(L)] <通过>:"的提示信息，可见 AutoCAD 提供的偏移控制有以下两种情况：

一种是用距离控制，并用鼠标点击指定偏移的方向。

另一种是用点控制(即<通过>某一点)，软件默认距离控制，如果用<通过>点控制，则在"[通过(T)/删除(E)/图层(L)]"提示后输入"T"并确认，进入点位控制状态。点可以用十字光标(打开对象捕捉)在绘图区拾取，也可在命令行直接输入点的坐标值。

注意

一定要养成观察命令行提示信息的良好习惯。

只要按照命令行提示信息进行操作，并在每一步操作之后进行确认，就可快速熟悉掌握各个命令的各种功能。

6.3.5 移动

移动命令用于将对象移动到其他位置，不改变图形的大小和方向，但会改变图形的坐标位置。它与"视窗平移"有严格区别！

执行移动命令的方法有如下 3 种。

(1) 命令行：输入"MOVE"命令。

(2) 菜单栏：依次点击【修改】→【移动】菜单命令。

(3) 工具栏：点击"修改"工具栏中的(移动)按钮。

以图 6-6 为例来说明命令执行过程。

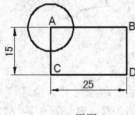
(a) 原图

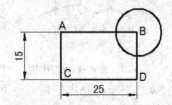
(b) A 为基点、B 为目标点
将圆移动到 B 位置

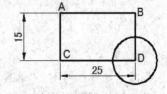
(c) A 为基点、ϕ25，-15
将圆移动到 D 位置

图 6-6 移动操作示例

图 6-6(b)绘制过程如下：

命令: MOVE↙

选择对象: 选择圆↙

指定基点或位移: 点选 A 作为基点

指定基点或位移: 指定位移的第二点或〈用第一点作位移〉: 点击 B 点作为目标点，完
　　成圆的移动

图 6-6(c)绘制过程如下:

命令: MOVE↙

选择对象: 选择圆↙

指定基点或位移: 点选 A 作为基点

指定基点或位移: 指定位移的第二点或〈用第一点作位移〉: @25，−15↙

目标点 D 相对于基点 A 的坐标为(ΔX=25，ΔY =−15)。

6.3.6　修剪

修剪命令用于清除超出指定边界的部分，可以修剪的对象包括直线、圆、圆弧、椭圆
弧、二维多段线、三维多段线、射线、构造线、样条曲线等。有效边界对象包括直线、圆、
圆弧、多段线、椭圆、椭圆弧、样条曲线、射线等。

执行修剪命令的方法有如下 3 种。

(1) 命令行: 输入"TRIM"命令。

(2) 菜单栏: 依次点击【修改】→【修剪】菜单命令。

(3) 工具栏: 点击"修改"工具栏中的 ⊢ (修剪)按钮。

以图 6-7(a)修剪成图 6-7(b)为例说明修剪命令的执行过程。

命令: TRIM↙

选择对象: 点选直线(选择修剪边界)↙

选择要修剪的对象: 点选直线上要修剪的圆弧

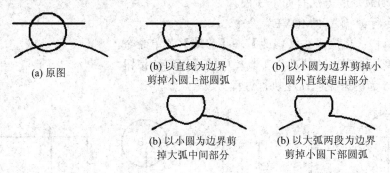

(a) 原图　　　　(b) 以直线为边界　　　(b) 以小圆为边界剪掉小
　　　　　　　　剪掉小圆上部圆弧　　　圆外直线超出部分

(b) 以小圆为边界剪　　　(b) 以大弧两段为边界
掉大弧中间部分　　　　剪掉小圆下部圆弧

图 6-7　修剪命令的作用

在修剪命令执行时，"选择对象"提示信息出现后，也可以全选对象修剪。全选修剪时
软件自动将相邻图形作为边界。在图形不太复杂时全选可以提高绘图效率。对于图 6-7 所
示任务，如果采用全选方式，则修剪过程如图 6-8 所示。

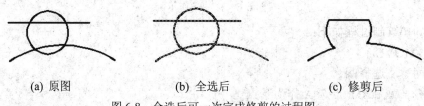

(a) 原图　　　　　　(b) 全选后　　　　　　(c) 修剪后

图 6-8　全选后可一次完成修剪的过程图

6.3.7 延伸

延伸命令用于将指定的对象延伸到指定的边界(边界线)，延伸边界线可以是直线、圆、圆弧、椭圆、椭圆弧、多段线、构造线、射线、样条曲线等。

执行延伸命令的方法有如下 3 种。

(1) 命令行：输入"EXTEND"命令。

(2) 菜单栏：依次点击【修改】→【延伸】菜单命令。

(3) 工具栏：点击"修改"工具栏中的 --/(延伸)按钮。

命令执行后，根据命令行提示信息先点选要延伸的目标边界线，再点击延伸对象即可。

另外，在执行修剪命令选择对象时，按 Shift 键，修剪命令就变成延伸命令。同样，执行延伸命令选择对象时，按 Shift 键，延伸命令就变成修剪命令，即修剪命令和延伸命令可以通过 Shift 键互换。

6.4 特性匹配

特性匹配命令是非常实用的一个命令！

使用对象匹配命令，可以将一个对象的线型、线宽、颜色、图层、打印样式等基本特性复制给其他对象，使其他对象与源对象具有相同的基本特性。

执行延伸命令的方法有如下 3 种。

(1) 命令行：输入"MATCHPROP"命令或"MA"。

(2) 菜单栏：依次点击【修改】→【特性匹配】菜单命令。

(3) 工具栏：点击"标准"工具栏中的"特性匹配"按钮，如图 6-9 所示。

图 6-9 "标准"工具栏的"特性匹配"按钮

特性匹配命令的使用类似于大家都熟悉的 Word 文字编辑软件的"格式刷"功能。

6.5 【课 堂 训 练】

完成图 6-3、图 6-6 及图 6-1 所示的本项目工作任务。

6.6 【课 外 训 练】

(1) 完成图 6-10 所示图形的绘制，并求出 R1、R2、R3、R4 的值。

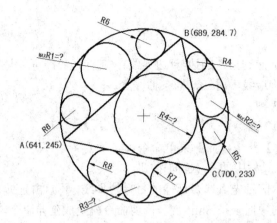

图 6-10　圆与圆、圆与直线的相切训练 1

(2) 完成图 6-11 所示图形的绘制。

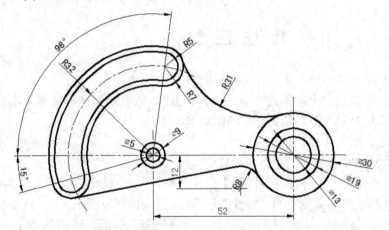

图 6-11　圆与圆、圆与直线的相切训练 2

(3) 完成图 6-12 所示图形的绘制。

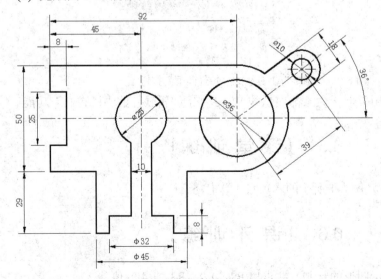

图 6-12　不规则图形的绘制与尺寸标注

项目七　圆弧、椭圆、椭圆弧的绘制

学习要点

■ 圆弧绘制

三点

起点、圆心、端点　　　　起点、端点、角度　　　　圆心、起点、端点

起点、圆心、角度　　　　起点、端点、方向　　　　圆心、起点、角度

起点、圆心、长度　　　　起点、端点、半径　　　　圆心、起点、长度

■ 椭圆绘制

■ 椭圆弧绘制

技能目标

■ 会合理选用软件提供的 11 种圆弧绘制方法来绘制圆弧

■ 会绘制椭圆

■ 会绘制椭圆弧

7.1　工作任务

绘制图 7-1、图 7-2、图 7-3 所示图形。

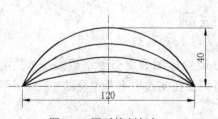

图 7-1　圆弧绘制任务(1)

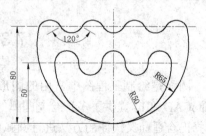

图 7-2　圆弧绘制任务(2)

25. 图 7-1 的完成过程

26. 图 7-2 的完成过程

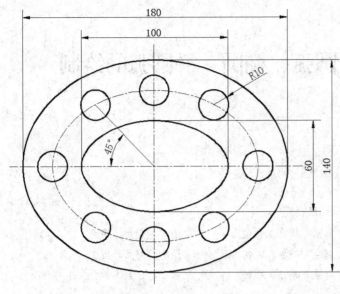

27. 图 7-3 的完成过程

图 7-3　椭圆绘制任务

7.2　任务分析

图 7-1 涉及的主要技术问题：① 圆弧绘制，可以采用先绘制圆，然后利用剪切的方式进行圆弧的绘制，但效率较低；② 线型设置与尺寸标注。

图 7-2 涉及的主要技术问题：① 绘制圆；② 偏移；③ 修剪；④ 延伸；⑤ 等分线段；⑥ 圆弧绘制；⑦线型设置与尺寸标注。

图 7-3 涉及的技术问题：① 椭圆绘制；② 圆的绘制；③ 复制、线型设置与尺寸标注等。

除圆弧、椭圆绘制外，其他技术问题都已经学习掌握。本项目从解决工作任务入手，讲述圆弧、椭圆、椭圆弧的绘制方法。

7.3　圆弧的绘制

圆弧是绘制工程图中常用的图形要素，是为了提高绘图效率必须掌握的基本技能。AutoCAD 2014 提供了多种绘制圆弧的方法，初学者需要在实践中不断地总结，最终灵活地选择出合适而又快捷的方法进行圆弧的绘制。

7.3.1　绘制圆弧的命令

在 AutoCAD 中，执行绘制圆弧命令的方法有以下几种：

(1) 命令行：输入"ARC"或"A"，按 Enter 键。

(2) 工具栏：单击"绘图"工具栏中的 ⌒ (圆弧)按钮。

(3) 菜单栏：依次点击打开【绘图】→【圆弧】→……菜单。如图 7-4 所示。

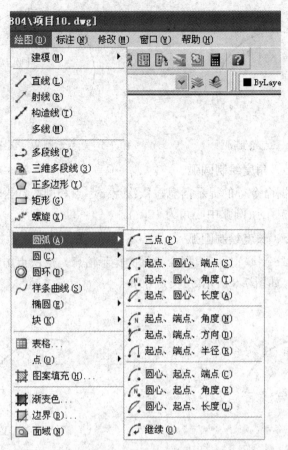

图 7-4　绘制圆弧菜单命令

由图 7-4 可见，AutoCAD 提供了 11 种基本的绘制圆弧方法，它们是：

- 三点
- 起点、圆心、端点　　■ 起点、端点、角度　　■ 圆心、起点、端点
- 起点、圆心、角度　　■ 起点、端点、方向　　■ 圆心、起点、角度
- 起点、圆心、长度　　■ 起点、端点、半径　　■ 圆心、起点、长度
- 继续

命令执行后，按照命令行提示信息进行操作即可。

7.3.2　圆弧绘制的操作过程

1．用三点绘制圆弧

命令执行后，根据命令行的提示信息，依次点击三点(或输入三点的坐标数值)即可完成，如图 7-5 所示。

2．用起点、圆心、端点绘制圆弧

命令执行后，根据命令行的提示信息，依次点击三点(或输入三点的坐标数值)即可完成，如图 7-6 所示。

图 7-5　三点绘制圆弧　　　　　　　图 7-6　起点、圆心、端点绘制圆弧

3．用起点、圆心、角度绘制圆弧

命令执行后，根据命令行的提示信息，依次点击起点和圆心，再输入圆弧的圆心角数值即可完成，如图 7-7 所示(圆弧中心角为 120°)。

4．用起点、圆心、长度绘制圆弧

长度是指弦长。命令执行后，根据命令行的提示信息，依次点击起点和圆心，再输入长度(弦长)即可完成，如图 7-8 所示(弦长为 60)。

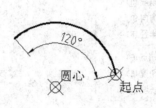

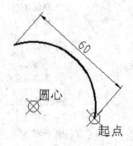

图 7-7　起点、圆心、角度绘制圆弧　　　　图 7-8　起点、圆心、长度绘制圆弧

5．用起点、端点、角度绘制圆弧

角度是指圆弧的圆心角，命令执行后，根据命令行的提示信息，依次点击起点和端点，再输入圆心角数值即可完成，如图 7-9 所示(圆心角为 137°)。

6．用起点、端点、方向绘制圆弧

方向是指圆弧的起点切线方向，简称起点切向，起点切向指切线方向与 X 轴正方向的夹角，角度以逆时针方向为正。命令执行后，根据命令行的提示信息，依次点击起点和端点，再输入起点切向角度即可完成，如图 7-10 所示(起点切向为 75°)。

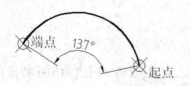

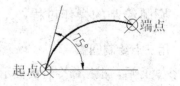

图 7-9　起点、端点、角度绘制圆弧　　　　图 7-10　起点、端点、方向绘制圆弧

7．用起点、端点、半径绘制圆弧

命令执行后，根据命令行的提示信息，依次点击起点和端点，再输入半径即可完成，

如图 7-11 所示(半径为 36)。

8. 用圆心、起点、端点绘制圆弧

命令执行后，根据命令行的提示信息，依次点击圆心、起点、端点即可完成，如图 7-12 所示。

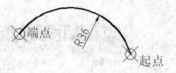 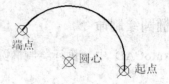

图 7-11　起点、端点、半径绘制圆弧　　　　图 7-12　圆心、起点、端点绘制圆弧

9. 用圆心、起点、角度绘制圆弧

角度是指圆弧的圆心角。命令执行后，根据命令行的提示信息，依次点击圆心、起点，再输入圆心角数值即可完成，如图 7-13 所示(圆心角为 150°)。

10. 用圆心、起点、长度绘制圆弧

长度是指弦长。命令执行后，根据命令行的提示信息，依次点击圆心和起点，再输入长度(弦长)即可完成，如图 7-14 所示(弦长为 50)。

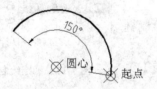 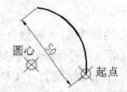

图 7-13　圆心、起点、角度绘制圆弧　　　　图 7-14　圆心、起点、长度绘制圆弧

11. 继续绘制圆弧

"继续"绘制圆弧是绘制上一次绘制图形的相切圆弧。控制条件为：以上一次输入的最后一点为切点，与上次绘制图形相切，再输入一个圆弧端点。图 7-15 所示为继续绘制与直线相切的圆弧，图 7-16 所示为继续绘制与圆弧相切的圆弧。

图 7-15　继续绘制与直线相切的圆弧　　　　图 7-16　继续绘制与圆弧相切的圆弧

7.4　【课堂训练1】

(1) 参照图 7-5～图 7-16，练习绘制圆弧的 11 种方法。

(2) 完成本项目工作任务之图 7-1、图 7-2 的绘制。

7.5 椭圆的绘制

7.5.1 椭圆绘制命令

在 AutoCAD 中，执行绘制椭圆命令的方法有以下几种：

(1) 命令行：输入"ELLIPSE"或"EL"，并按 Enter 键。

(2) 工具栏：单击"绘图"工具栏中的 ◯ (椭圆)按钮。

(3) 菜单栏：依次点击打开【绘图】→【椭圆】→……菜单命令，如图 7-17 所示。

7.5.2 绘制椭圆的方法

1. 用端点、端点、端点绘制椭圆——即"轴、端点"绘制椭圆

用一个轴的两个端点和另外一个半轴的端点绘制椭圆，图 7-18(a)所示椭圆绘制过程如下：

依次点击打开【绘图】→【椭圆】→【轴、端点】菜单命令，命令行提示及操作如下：

指定椭圆的轴端点或 [圆弧(A)/中心点(C)]: 点选端点 1

指定轴的另一个端点: 点选端点 2

指定另一条半轴长度或 [旋转(R)]: 点选端点 3

成果见图 7-18(a)。

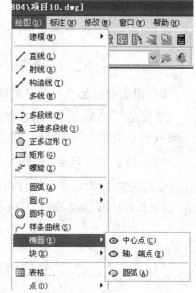

图 7-17 椭圆绘制命令菜单

另外一个半轴的端点也可采用输入半轴长度来确定，如图 7-18(b)所示，另一个半轴长度为 30。只要在上述操作"指定另一条半轴长度或[旋转(R)]:"后输入"30"，然后按回车键即可。

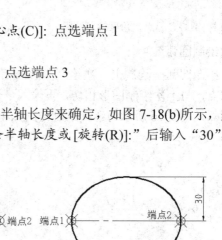

(a)   (b)

图 7-18 "轴、端点"绘制椭圆(端点、端点、端点绘制椭圆)

2. 用中心点、轴端点、长度绘制椭圆——即"中心点"绘制椭圆

长度是指另外一个半轴的长度。图 7-19 所示椭圆绘制过程如下：

依次点击打开【绘图】→【椭圆】→【中心点】菜单命令，命令行提示信息及操作

如下：

　　　指定椭圆的中心点：点选中心点

　　　指定轴的端点：点选端点

　　　指定另一条半轴长度或[旋转(R)]：点选端点 2

　　　成果见图 7-19(a)。

　　　另外一个半轴的端点也可采用输入半轴长度来确定，如图 7-19(b)所示，另一个半轴长度为 25。只要在上述操作"指定另一条半轴长度或[旋转(R)]："后输入"25"，然后按回车键即可。

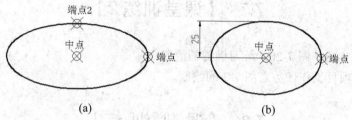

图 7-19　"中心点"绘制椭圆(中心点、轴端点、长度绘制椭圆)

3．用中心点、轴端点、角度绘制椭圆

　　　用中心点、轴端点、角度绘制椭圆是指将由中心点、端点作为半径的圆围绕第一条轴旋转来创建椭圆。角度为 180°和 0°都为圆(如图 7-20(a)所示)。图 7-20(b)所示为中心点、端点距离(即圆半径)为 30，旋转角为 60°的椭圆(即将半径 30 的圆旋转 60°创建的椭圆)。

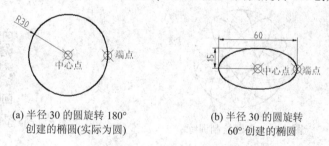

(a) 半径 30 的圆旋转 180°
创建的椭圆(实际为圆)

(b) 半径 30 的圆旋转
60° 创建的椭圆

图 7-20　中心点、轴端点、角度绘制椭圆

7.6　椭圆弧的绘制

　　　在 AutoCAD 中，执行绘制椭圆弧命令的方法有以下几种。

　　(1) 命令行：输入"ELLIPSE"或"EL"，并按 Enter 键。

　　(2) 工具栏：单击"绘图"工具栏中的 ⌒ (椭圆弧)按钮。

　　(3) 菜单栏：依次点击打开【绘图】→【椭圆】→【椭圆弧】菜单命令。

　　　执行上述操作后，命令行窗口提示信息如下：

　　　指定椭圆的轴端点或 [圆弧(A)/中心点(C)]：_a

　　　指定椭圆弧的轴端点或 [中心点(C)]：指定端点

指定轴的另一个端点：指定另一个端点

指定另一条半轴长度或 [旋转(R)]：指定另一个半轴端点

指定起始角度或 [参数(P)]：指定椭圆弧起始角或输入参数

指定终止角度或 [参数(P)/包含角度(I)]：指定终止角

　　由以上过程可以看出，绘制椭圆弧是在绘制椭圆的基础上进行的，先输入椭圆的确定参数条件，再指定椭圆弧的参数即可。具体的绘制方法读者可在熟练掌握绘制椭圆的基础上自行练习、感受、掌握。

7.7　【课堂训练2】

(1) 参照图 7-18～图 7-20，练习椭圆的绘制。

(2) 完成本项目工作任务之图 7-3 的绘制。

7.8　【课外训练】

(1) 在【课堂训练】的基础上，继续完成图 7-1～图 7-3 的绘制。

(2) 绘制图 7-21、图 7-22 所示图形。

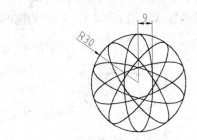

图 7-21　椭圆绘制训练

28. 图 7-21 的完成过程

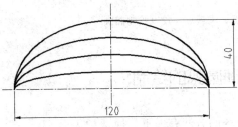

图 7-22　椭圆绘制训练

29. 图 7-22 的完成过程

项目八　点、构造线、射线的绘制

 **学习要点**

- 单点、多点绘制
- 线段与弧线的定数等分
- 线段与弧线的定距等分
- 构造线绘制
- 射线绘制
- 用 AutoCAD 解决工程实际典型案例

 技能目标

- 会绘制单点与多点
- 会使用 AutoCAD 点的定数等分命令等分线段或圆弧
- 会使用 AutoCAD 点的定距等分命令等分线段或圆弧
- 会综合利用所学 AutoCAD 技能解决工程实际问题

8.1　工 作 任 务

(1) 按照图 8-1 所示尺寸绘制图形。

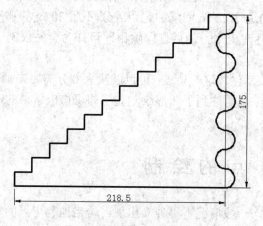

图 8-1　线段的定数等分

30. 图 8-1 的完成过程

(2) 图 8-2 所示为某一段高速路中心线图，A—ZY、YZ—B 为直线段，ZY—YZ 为圆弧(ZY 为直圆点，YZ 为圆直点)，直线、圆弧段端点坐标如图中所示。圆弧段转弯半径 R 为 320 m，圆心角为 37°46′57″，弧长为 211.017 m。用全站仪对该段高速路进行施工放线，施工放线时圆弧段需要每隔 20 m 弧长测设一个定位桩。请从 ZY(直圆点)起求出每隔 20 m 弧长点的坐标，以便施工放线。

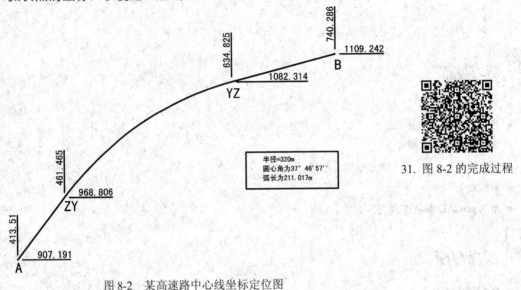

31. 图 8-2 的完成过程

图 8-2　某高速路中心线坐标定位图

8.2　任 务 分 析

分析图 8-1 可知绘图的关键分别是：① 175 定数等分为 9 段，175 定数等分为 12 段，218.5 定数等分为 12 段。② 通过上述定数等分点绘制构造线或射线。

图 8-2 是笔者曾遇到过的一个工程实际问题。如果采用三角函数解析法，每隔 20 m 弧长计算一个坐标，需要专门列表，计算工作量很大，出错的几率也增加(曾经一段路三段弧，两位熟练人员计算了两天半，还出现了一个点的计算错误)。现在我们可利用点的定距等分功能从 ZY(直圆点)开始到 YZ(圆直点)进行 20 m 间隔的定距等分(不足 20 m 的那一段留在最后靠近 YZ 点)，然后直接将坐标标注出来，最后打印输出即可作为全站仪施工放线的依据。

恰当地利用 AutoCAD 绘制的是数字化图这一特点，可以解决大部分需要先画草图，然后借助图形进行计算的工程实际问题，从而达到了图形绘制完毕即可得出结果的奇效，简化了计算过程。

8.3　点 的 绘 制

点在工程中起到辅助定位的作用，一般情况下不独立出现。恰当地利用点的辅助定位如定数等分、定距等分等功能，可以解决很多实际工程技术问题。

8.3.1 绘制单点

1. 命令

执行绘制单点命令的方法有如下两种。

(1) 命令行：输入"POINT"或"PO"命令。

(2) 菜单栏：依次点击【绘图】→【点】→【单点】菜单命令。

2. 执行过程

执行单点绘制命令后，在命令窗口出现提示信息"指定点:"，之后输入点的坐标或用十字光标在绘图区直接点击即可。

8.3.2 绘制多点

1. 命令

执行绘制多点命令的方法有如下两种。

(1) 工具栏：点击"绘图"工具栏中的 ·(点)按钮。

(2) 菜单栏：依次点击【绘图】→【点】→【多点】菜单命令。

2. 执行过程

执行多点命令后，命令行窗口提示及操作过程如下：

指定点: 用十字光标点击或输入坐标确定一个点

指定点: 同样方式定下一个点

指定点: 同样方式定下一个点

指定点: 同样方式定下一个点

……

指定点: 同样方式定第 N 个点↙

按 Esc 键退出多点绘制命令。

8.3.3 设置点的样式及大小

默认状态下，点的样式为"·"，该样式直观形象，但可见性差，尤其是多个对象重合时，根本无法观察到如此小的点。AutoCAD 提供了对点的样式及大小进行设置的功能，具体操作过程如下：

执行【格式】→【点样式】菜单命令，弹出如图 8-3 所示的"点样式"对话框，对话框中提供了 20 种点样式以供用户选择，点选了合适的点样式后，单击"确定"按钮，返回到绘图界面，图中原来绘制的点即会变成设置的样式。

如果需要改变点的大小，只需点选图 8-3 中"相对于屏幕设置大小"或"按绝对单位设置大小"，再修改"点

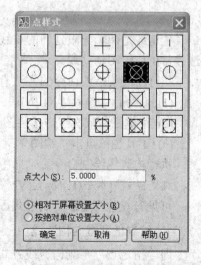

图 8-3 点样式设置对话框

样式"对话框内"点大小"文本框中的数值即可。

8.3.4　绘制定数等分点

绘制定数等分点，可以把选定的对象平均分成若干等份，在每个等分点处添加一个点。选择等分的对象可以是直线段，也可以是曲线。

1．命令

菜单：依次点击【绘图】→【点】→【定数等分】菜单命令。

2．执行过程

执行定数等分命令后，命令窗口提示及操作过程如下：

选择要定数等分的对象: 绘图区点选等分对象

输入线段数目或 [块(B)]: 输入等分数目↙

8.3.5　绘制定距等分点

绘制定距等分点，可以把选定的对象按给定的"等分距离"进行划分，距离不足部分自动留在最后一段，并在每个等分点处添加一个点。

1．命令

菜单：依次点击【绘图】→【点】→【定距等分】菜单命令。

2．执行过程

执行定距等分命令后，命令窗口提示及操作过程如下：

选择要定距等分的对象: 绘图区点选等分对象

输入线段数目或 [块(B)]: 输入等分数目↙(或输入"B"在对象指定的长度上插入块)

8.4　构造线的绘制

构造线是两端无限延伸的直线，既没有起点也没有终点，是数学概念上的"直线"，构造线常用作绘图辅助线。

执行绘制构造线命令的方法有如下 3 种。

(1) 命令行：输入"XLINE"。

(2) 菜单栏：依次点击【绘图】→【构造线】菜单命令。

(3) 工具栏：点击"绘图"工具栏中的 ╱(构造线)按钮。

执行构造线绘制命令后，命令窗口提示信息为：

指定点或 [水平(H)/垂直(V)/角度(A)/二等分(B)/偏移(O)]:

可见有 6 种构造线绘制方式，下面分别介绍。

1．绘制任意方向构造线

即"指定点"绘制构造线方式，也是系统默认的构造线绘制方式。

执行过程如下：

命令: XLINE↙

指定点或 [水平(H)/垂直(V)/角度(A)/二等分(B)/偏移(O)]: 点击指定第一个通过点 1

指定通过点: 点选第二个通过点 2(绘制出由点 1、点 2 决定的第一条构造线)

指定通过点: 点选第三个通过点 3(绘制出由点 1、点 3 决定的第二条构造线)

指定通过点: 点选第四个通过点 4(绘制出由点 1、点 4 决定的第三条构造线)

……

指定通过点: 点选第 N 个通过点 N(绘制出由点 1、点 N 决定的第 N–1 条构造线)

这样一直绘制下去，将绘制出围绕第一个通过点的线族。

2. 绘制水平构造线

在命令窗口提示后输入"H"并回车，十字绘图光标变成一个带着一条水平线的方框，在绘图区点击即可"放下"该水平线，方框上又带着另一条水平线，再次点击可绘出一条水平线，如此循环可绘制出一系列水平线。

3. 绘制垂直构造线

在命令窗口提示后输入"V"并回车，十字绘图光标变成一个带着一条垂直线的方框，在绘图区点击即可"放下"该垂直线，方框上又带着另一条垂直线，再次点击可绘出一条垂直线，如此循环可绘制出一系列垂直线。

4 绘制指定角度的构造线

指定角度有两种情况，一是与 X 轴具有一定夹角(默认状态)；二是与参照对象具有一定夹角，需要输入"R"命令。执行过程如下：

(1) 绘制与 X 轴具有一定夹角的构造线。

命令: XLINE↙

指定点或[水平(H)/垂直(V)/角度(A)/二等分(B)/偏移(O)]: A↙

输入构造线的角度 (0) 或 [参照(R)]: 输入角度↙

指定通过点: 绘图区点选绘制第一条和 X 轴夹角为输入值的构造线

指定通过点: 绘图区点选绘制第二条和 X 轴夹角为输入值的构造线

……

(2) 绘制与参照对象具有一定夹角的构造线。

以图 8-4 绘制为例。

命令: XLINE↙

指定点或[水平(H)/垂直(V)/角度(A)/二等分(B)/偏移(O)]: A↙

输入构造线的角度(0) 或 [参照(R)]: R ↙

选择直线对象: 点选线 1

输入构造线的角度 <0>: 34↙

指定通过点: 点选线 1 左下点，绘制出构造线 2

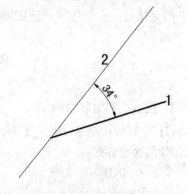

图 8-4 绘制与线 1 夹角为 34°的构造线

5. 绘制角的二等分线

角的平分线绘制是工程绘图中经常要遇到的任务，AutoCAD 具备的绘制角二等分线命令可以很方便地解决这个问题。

命令: XLINE↙

指定点或[水平(H)/垂直(V)/角度(A)/二等分(B)/偏移(O)]: B↙

指定角的顶点: 点选角的顶点

指定角的起点: 点选角线 1

指定角的端点: 点选角线 2

指定角的端点: ↙

6. 绘制与指定直线平行的构造线

命令: XLINE↙

指定点或[水平(H)/垂直(V)/角度(A)/二等分(B)/偏移(O)]: O↙

指定偏移距离或[通过(T)] <通过>: 输入距离

选择直线对象: 指定平行源对象

指定向哪侧偏移: 点选选偏移的一侧

输入 "O" 执行命令的后续操作与偏移命令类似。

8.5 射线的绘制

射线是单方向无限延伸的直线，射线常常用作绘图辅助线。绘制射线只要指定起点和通过点即可，利用射线命令可以绘制同一起点的多条射线。

1. 命令

执行绘制射线命令的方法有如下两种。

(1) 命令行: 输入 "RAY"。

(2) 菜单栏: 依次点击【绘图】→【射线】菜单命令。

2. 执行过程

执行射线绘制命令后，命令窗口提示信息为:

指定起点: 绘图区点选或输入起点坐标

指定通过点: 绘图区点选或输入指定通过点坐标

8.6 任 务 实 施

1. 图 8-1 的绘制过程

(1) 绘制线段 AB、BC: 绘制相互垂直，长度分别为 218.5 的线段 AB 和 175 的线段 BC，如图 8-5(a)所示。

命令: LINE

指定第一点: 绘图区点选第一点 A

指定下一点或[放弃(U)]: @218.5,0   (线段 AB 绘出)

指定下一点或[放弃(U)]: @0,175   (线段 BC 绘出)

指定下一点或 [闭合(C)/放弃(U)]: ↙   (完成绘制，按回车键结束命令)

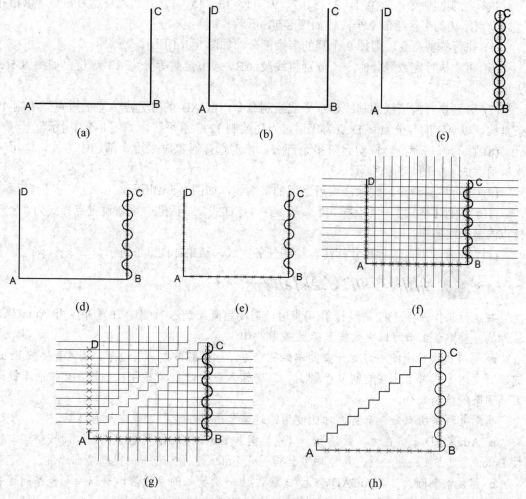

图 8-5　工作任务(1)图形绘制过程

(2) 复制线段 BC 到 AD 位置，如图 8-5(b)所示。因为长度 175 线段要作两次定数等分，18 等分在 BC 上进行，12 等分在 AD 上进行，所以需要复制。

(3) 启动如图 8-3 所示对话框，设置点样式为"×"，勾选"相对于屏幕设置大小"，"点大小"设置为 2%。

(4) 将 BC 线段定数等分为 18 等分，执行圆绘制命令，十字光标拾取等分点绘制出 9 个圆。

观察原图，BC 段为 9 个半圆，初学者首先想到的是定数等分为 9 等份，用等分点采用两点画圆方式绘制圆。但两点绘制圆不是软件默认的绘制方式，需要重复输入"2p"来启动两点画圆命令，效率较低。如果等分为 18 等份，则可以采用软件默认的圆心半径画圆，启动一次命令，直接用十字光标拾取等分点定圆心和半径即可重复完成 9 个圆的绘制，绘图效率较高。

执行【绘制】→【点】→【定数等分】命令，选择线段 BC，输入等分数目 18，将线段 BC 等分为 18 段，并在每个等分点上添加一个"×"形点符号，如图 8-5(c)所示。

执行绘制圆命令，以第 1、3、5、7、9、11、13、15、17 个"×"点为圆心，以相邻"×"点距离为半径绘制 9 个圆，如图 8-5(c)所示。

(5) 执行修剪命令，剪掉 9 个圆的多余部分，如图 8-5(d)所示。

(6) 再次执行定数等分命令，分别将线段 AB、AD 定数等分为 12 等份，如图 8-5(e)所示。

(7) 分别执行构造线的垂线、水平线绘制命令，以 AB 的等分点为"通过点"绘制 11 条垂线，以 AD 的等分点和 D 点为"通过点"绘制 12 条水平线，如图 8-5(f)所示。

(8) 执行修剪命令，修剪台阶多余部分。修剪选择对象时采用全部选中方式，即可一次修剪完成，如图 8-5(g)所示。

(9) 执行删除命令，删除修剪后遗留的多余线，如图 8-5(h)所示。

(10) 执行【格式】→【点样式】菜单，在"点样式"对话框中重新设置点样式为"·"，使点隐藏于线条中。

(11) 设置线型，进行尺寸标注。绘图任务完成，结果如图 8-1 所示。

◆◆◆◆◆ **绘图技巧和良好绘图习惯** ◆◆◆◆◆

在执行工作任务(1)绘制过程第(4)步时，需要重复绘制 9 个圆，注意并应用 AutoCAD 软件的一些默认细节可以大大提高绘图效率，如：

■ 要再次执行刚使用过的一些简单绘图命令，不需要再次调用命令，只需直接按 Enter 键即可调用。所以上述在绘制 9 个圆时，只需输入一次命令，其后 8 个圆直接按回车键即可调用圆的绘制命令。

当然并不是所有命令都可以如此使用，这需要用户在绘图过程中及时总结。

■ AutoCAD 中，在大多数情况下，空格键和 Enter 键的作用是一样的，而按空格键比按 Enter 键更方便快捷一些，所以用空格键替代 Enter 键又会进一步提高绘图速度。

■ 重复绘制圆时，AutoCAD 会记住(默认)上一次输入的半径值，所以绘制一系列等半径圆时，无需再次输入(包括点选)半径，直接按空格键(或 Enter 键)即可。

■ 每执行完一个绘图命令，都要按 Enter 键或 Esc 键彻底退出。初学者最容易出现的问题是上一个命令执行还没有结束，就试图输入新的命令，从而造成软件不能执行新指令。是否完全退出，以命令行是否回到"命令:"为准。

◆◆◆◆◆◆◆◆◆◆◆◆◆◆◆◆◆◆◆◆◆◆◆◆◆◆◆◆◆◆◆◆

2. 图 8-2 的绘制过程

(1) 执行直线绘制命令，用两段线已知的端点坐标绘制出线段 A—ZY 和 YZ—B。

(2) 执行"起点、端点、半径"绘制圆弧命令，绘制出圆弧段。

(3) 执行【点】→【定距等分】命令，选中圆弧作为等分对象，输入等分距离"20"，将圆弧定距等分。

(4) 执行【格式】→【点样式】菜单命令，设置点样式为 ⊗。使定距等分点为可见状态。

(5) 执行【标注】→【坐标】命令，标注出所有等分点的 X、Y 坐标值。

两个直线段如需求解定位点(工程上需要加密定位桩点)，也可采用同样方法来解决。

绘图任务完成，结果如图 8-6 所示。

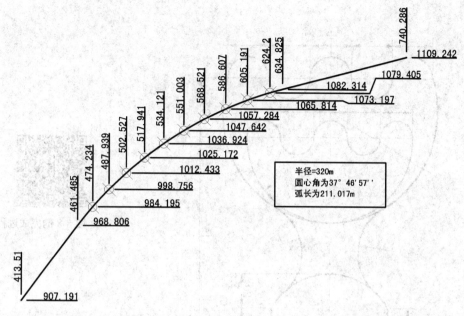

图 8-6　应用定距等分确定高速路圆弧段施工放线定位点坐标成果图

8.7　【课 堂 训 练】

根据老师的讲解过程和教材中的绘图步骤，完成图 8-1、图 8-2 的绘制。

8.8　【课 外 训 练】

(1) 再次完成图 8-1、图 8-2 的绘制。
(2) 完成图 8-7 的绘制。

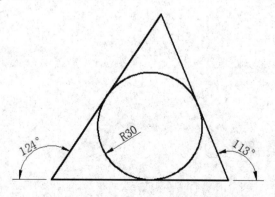

图 8-7　圆与直线相切训练

32. 图 8-7 的完成过程

(3) 完成图 8-8 的绘制。

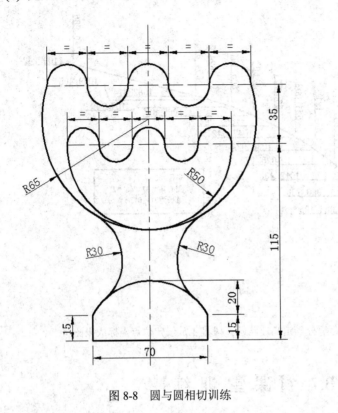

图 8-8　圆与圆相切训练

33. 图 8-8 的完成过程

项目九 正多边形与矩形的绘制

学习要点

- 正多边形的绘制
- 矩形的绘制
- 已学过绘图技能的综合应用

技能目标

- 会使用软件提供的各种方法绘制各种正多边形
- 会绘制矩形
- 会综合应用目前已学过的技能绘制图形

9.1 工 作 任 务

(1) 按照图 9-1 所示尺寸绘制图形，并求出 R 的数值。

(2) 绘制图 9-2 所示图形。

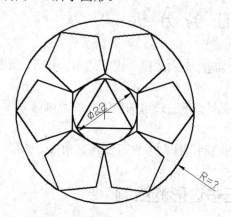

图 9-1 正多边形与圆

34. 图 9-1 的完成过程

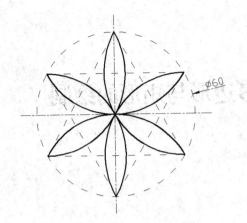

35. 图 9-2 的完成过程

图 9-2　正多边形与圆弧

(3) 绘制图 9-3 所示矩形。矩形长 50，宽 30，长边与水平线夹角为 30°，矩形的倒角为 5×5。

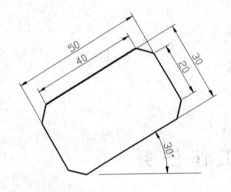

36. 图 9-3 的完成过程

图 9-3　倾斜、倒角的矩形绘制

9.2　任 务 分 析

图 9-1 涉及的技术问题主要是圆的绘制，正六边形、正三边形、正五边形的绘制，以及三点画圆、线型设置、尺寸标注。

图 9-2 涉及的技术问题主要是圆的绘制、正三边形的绘制、三点画圆、线型设置、尺寸标注。

图 9-3 涉及的技术问题主要是矩形的绘制，控制条件有倒角、角度、长度、宽度等。

9.3　正多边形的绘制

9.3.1　正多边形的绘制命令

正多边形的绘制命令有下列 3 种。

(1) 工具栏：点击"绘图"工具栏中的⬠(正多边形)按钮。

(2) 命令行：输入"POLYGON"或"POL"命令。

(3) 菜单栏：依次点击【绘图】→【正多边形】菜单。

命令执行后，根据命令行提示输入相关控制条件和参数即可绘制出所需要的正多边形。AutoCAD 提供了两种绘制正多边形的方法：一种是根据正多边形中心位置和内接/外切圆半径绘制，另一种是根据正多边形的边长绘制。

9.3.2 用正多边形中心位置和内接/外切圆半径绘制

以图 9-1 中心的正六边形和正三角形绘制为例说明。

(1) 绘制直径 ϕ22 的圆。

(2) 绘制外切于直径 ϕ22 圆的正六边形。

点击"绘图"工具栏中的⬠按钮，命令行提示及操作如下：

命令: POLYGON　　输入边的数目 <4>: 6 ✓

指定正多边形的中心点或 [边(E)]: 点选圆心(此时需要打开对象捕捉)

输入选项 [内接于圆(I)/外切于圆(C)] <I>: C ✓

指定圆的半径: 十字光标捕捉点选圆上的水平
象限点

(3) 绘制内接于直径 ϕ22 圆的正三角形。

点击"绘图"工具栏中的⬠按钮，命令行提示
及操作如下：

命令: POLYGON　　输入边的数目 <4>: 3 ✓

指定正多边形的中心点或 [边(E)]: 点选圆心
(此时需要打开对象捕捉)

图 9-4　用正多边形中心位置和内接/外切圆
半径绘制的正六边形和正三角形

输入选项 [内接于圆(I)/外切于圆(C)] <I>:I ✓

指定圆的半径: 十字光标捕捉点选圆上的最上端象限点

结果如图 9-4 所示。

9.3.3 用正多边形的边长绘制

以图 9-1 为目的，在图 9-4 的基础上绘制周围 6 个正
五边形。

点击"绘图"工具栏中的⬠按钮，命令行提示及操
作如下：

命令: POLYGON　　输入边的数目 <4>: 5 ✓

指定正多边形的中心点或 [边(E)]: E ✓

指定边的第一个端点: 捕捉点选点 1

指定边的第二个端点: 捕捉点选点 2

结果如图 9-5 所示。

重复执行上述操作可完成其余 5 个正五边形的绘制。

图 9-2 绘制过程如下：

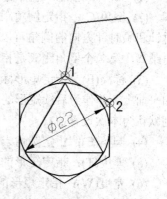

图 9-5　用正多边形的边长绘制
正多边形

(1) 绘制$\phi 60$圆。

(2) 绘制一个稍大于$\phi 60$圆的同心圆(如$\phi 72$)。

(3) 分别连接大圆上下、左右两个象限点为直线，作为图形的中心线。

(4) 删除大圆。

(5) 以$\phi 60$圆为基础，绘制两个内接的正三角形。

(6) 以两个正三角形的6个顶点为圆心，拾取$\phi 60$圆心顶半径，绘制6个圆。或分别通过两个正三角形的6个顶点和$\phi 60$圆心，采用三点画圆方式绘制6个圆。

(7) 以$\phi 60$圆为边界，剪切掉圆外部分。

(8) 选择和设置中心线、虚线、轮廓线线型。

9.4 【课堂训练1】

根据学习过的绘图技能、老师的绘图演示及教材上的过程叙述，完成图9-1、图9-2的绘制任务。

9.5 矩形的绘制

在AutoCAD中，执行绘制矩形命令的方法有以下几种：

(1) 命令行：输入"RECTANG"或"REC"，并按Enter键。

(2) 工具栏：点击"绘图"工具栏中的 ☐ (矩形)按钮。

(3) 菜单栏：依次点击【绘图】→【矩形】菜单命令。

执行上述操作之后，命令窗口提示如下：

指定第一个角点或 [倒角(C)/标高(E)/圆角(F)/厚度(T)/宽度(W)]:

指定另一个角点或 [面积(A)/尺寸(D)/旋转(R)]:

提示中各选项含义如下：

(1) 第一个角点：通过制定两个角点(对角)确定矩形，如图9-6(a)所示。

(2) 倒角(C)：指定倒角距离，绘制带倒角的矩形，如图9-6(b)所示。每一个倒角的逆时针和顺时针方向的倒角可以相同，也可以不同，其中第一个倒角距离是指逆时针方向倒角距离，第二个倒角距离是指顺时针方向倒角距离。

(3) 标高(E)：指定矩形标高(Z坐标)，即把矩形放置在标高为Z，且与XOY平面平行的平面上，并作为后续矩形的标高值(后续是指本次设定后，如果没有重新设定，后续标高则默认为本次设置值)。

(4) 圆角(E)：指定圆角半径，绘制具有倒圆角的矩形，如图9-6(c)所示。

(5) 厚度(T)：指定矩形的厚度，绘制具有一定厚度值的矩形。

(6) 宽度(W)：指定矩形的边线宽度，如图9-6(d)所示。

(7) 尺寸(D)：指定长度和宽度创建矩形。第二个指定点将矩形定位在与第一个矩形角点相关的4个位置之内。

(8) 面积(A)：指定面积和长度创建矩形。选择该项，命令窗口提示如下：

输入以当前单位计算的矩形面积 <100.0000>: 输入面积值

计算矩形标注时依据 [长度(L)/宽度(W)] <长度>: 按回车键

输入矩形长度 <10.0000>: 输入长度

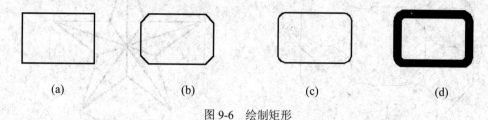

(a)   (b)   (c)   (d)

图 9-6　绘制矩形

指定长度或宽度后，AutoCAD 会自动计算另一个维度，然后绘制出矩形，如图 9-7 所示。

(9) 旋转(R)：指定绘制旋转矩形的角度。选择该项，命令窗口提示如下：

指定旋转角度或 [拾取点(P)] <0>：指定角度

指定另一个角点或 [面积(A)/尺寸(D)/旋转(R)]：指定另一个角点或选择其他选项

指定角度后，AutoCAD 会按照指定角度创建旋转一定角度的矩形，并作为后续矩形的旋转角度值，如图 9-8 所示。

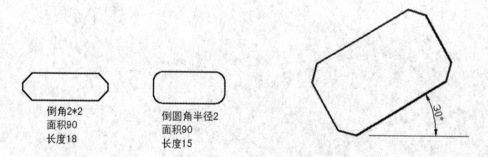

图 9-7　按面积绘制矩形　　　　图 9-8　按指定旋转角度绘制矩形

注意：指定角度后，这个指定角度会作为后续矩形的旋转角度，所以如果后续矩形不需要旋转的话，要及时将旋转角度设定为初始值"0"，以免后续绘制的矩形受控于这个指定角度。

9.6　【课堂训练 2】

根据学习过的绘图技能及老师的绘图演示，完成图 9-3 的绘制任务。

9.7　【课 外 训 练】

(1) 绘制如图 9-9 所示图形。

(2) 绘制如图 9-10 所示图形。

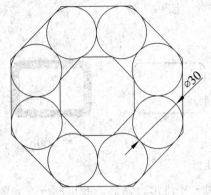

图 9-9　正多边形与圆绘制训练(1)

37. 图 9-9 的完成过程

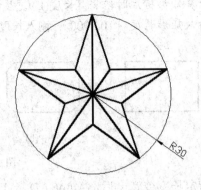

图 9-10　正多边形与圆绘制训练(2)

38. 图 9-10 的完成过程

项目十 阵列与缩放

学习要点

- 阵列
  矩形阵列　　　环形阵列　　　路径阵列
- 缩放
  比例缩放　　　参照缩放
- 用阵列、缩放和已学过的技能绘制图形

技能目标

- 掌握矩形阵列
- 掌握环形阵列
- 掌握路径阵列
- 掌握比例缩放
- 掌握参照缩放
- 熟练应用阵列、缩放和已学过的技能绘制图形

10.1 工 作 任 务

绘制图 10-1、图 10-2、图 10-3 所示图形。

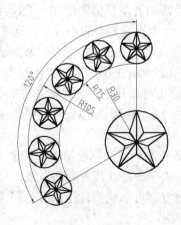

39. 图 10-1 的完成过程

图 10-1　工作任务 1

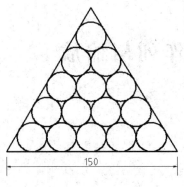

40. 图 10-2 的完成过程

图 10-2　工作任务 2

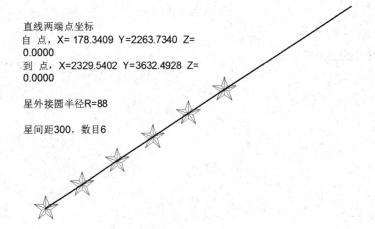

直线两端点坐标
自 点, X= 178.3409 Y=2263.7340 Z=
0.0000
到 点, X=2329.5402 Y=3632.4928 Z=
0.0000

星外接圆半径R=88

星间距300，数目6

41. 图 10-3 的完成过程

图 10-3　工作任务 3

10.2　任 务 分 析

观察图 10-1 所示图形，图形基本是由一个带外圆大五星和 6 个带外圆小五星按照一定的排列规律组成的。因此，带外圆的五星只需要绘制一个(即绘制一次)，利用缩放生成一个小五星，再利用阵列功能生成 6 个排列整齐的小五星。这里需要用到缩放和阵列功能。

图 10-2 是一个关于缩放功能应用的很著名的题目。如果试图先绘制边长为 150 的等边三角形，那将误入歧途，无法完成绘图(建议试试，直接绘制感受一下！)。如果先从不考虑尺寸限制，从绘制 15 个等半径相切圆开始，再"外包"等边三角形，然后利用参照缩放命令，将等边三角形(包括其中的 15 个相切圆)边长参照缩放成边长为 150 的等边三角形，即可完成工作任务。

图 10-3 中的直线绘制、左下角的五星绘制较简单，其余 5 个采用沿直线的路径阵列，就可以轻松解决问题。当然因为该任务是非常规则的直线，可以采用已学过的技能先定位其余 5 个五星的位置，然后通过复制可以达到目标。但是若遇到样条曲线、多段线等非规则路径，就必须用路径阵列来解决。

从本项目看，将学习过的绘图技能活学活用非常重要，既要能善于分析问题，利用已掌握 AutoCAD 各种绘图技能解决问题，又要善于把基本的几何知识应用于绘图，还要开拓自己的思维方式。如图解决 10-2 所示的问题就需要开拓的思维方式。

10.3　阵 列 图 形

10.3.1　阵列的功能及命令执行方式

42. 阵列的类型与命令执行方式

1．功能

创建对象的多个副本，并使副本按照矩形、环形或路径规律排列。

注意：输入命令之前，用户的操作目标是矩形阵列还是环形阵列，或者是路径阵列，必须要心中有数！

2．命令执行方式

(1) 命令行：输入"AR"或"ARRAY"，在左下角弹出的如图 10-5 所示的复选框中：
- 点选"ARRAYRECT"，启动矩形阵列命令；
- 点选"ARRAYPOLAR"，启动环形阵列命令；
- 点选"ARRAYPATH"，启动路径阵列命令；
- 点选"ARRAYCLASSIC"，可调出矩形阵列与环形阵列对话框。

(2) 工具栏：点击【修改】工具栏中的【▦】按钮，启动矩形阵列命令。

(3) 菜单：依次点击【修改】→【阵列】菜单，直接选择矩形阵列、环形阵列或路径阵列。

✦✦✦✦✦◠◡ *疑难问题* ✦✦✦✦

如果命令行输入"AR"或"ARRAY"，在左下角弹出的复选框中没有"ARRAYCLASSIC"怎么办？

从 AutoCAD 2012 版开始，增加了"路径阵列"，但是阵列对话框不再可以通过点击工具栏或菜单栏相应图标按钮或命令名调出了，这对于已经习惯了使用 AutoCAD 2010 及之前的 CAD 软件使用者而言，会觉得相当不方便！

怎样调出这个对话框呢？可按照下面的步骤进行软件设置，即可解决问题：

(1)【工具】菜单→自定义→编辑程序参数。

(2) 找到"AR. *ARRAY"，将其改成"AR. *ARRAYCLASSIC"。

(3) 退出，保存，重启软件。

(4) 命令行键入"AR"，复选框中出现"AR(ARRAYCLASSIC)"，点击即可弹出图 10-6 所示的阵列对话框。

注意：阵列对话框中只有矩形阵列和环形阵列，没有路径阵列，路径阵列还得通过命令行来实现。

✦✦✦✦✦✦✦✦✦✦✦✦✦✦✦✦✦✦✦✦✦✦✦✦✦✦✦✦✦✦✦✦

10.3.2 矩形阵列

【范例 1】 在图 10-4(a)所示图形的基础上绘制图 10-4(b)所示图形。

1. 完成过程一(命令行操作过程)

(1) 点击【修改】工具栏中的【 ▦ 】(阵列)按钮或【修改】—【阵列】—【矩形阵列】菜单。

(2) 命令行提示变成："选择对象: 指定对角点:"，点选阵列对象，确定。

(3) 命令行提示变成："选择夹点以编辑阵列或 [关联(AS)/基点(B)/计数(COU)/间距(S)/列数(COL)/行数(R)/层数(L)/退出(X)] <退出>:"，点选"行数(R)"，确定。

(4) 命令行提示变成："输入行数或 [表达式(E)] <4>"，输入行数 3，确定。

(5) 命令行提示变成："指定行数之间的距离或 [总计(T)/表达式(E)] <45>:"，输入行间距 40，确定。

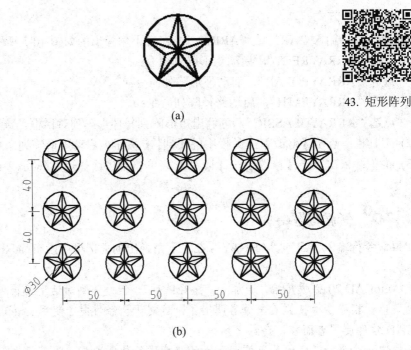

43. 矩形阵列

(a)

(b)

图 10-4 【范例 1】矩形阵列

(6) 命令行提示变成："选择夹点以编辑阵列或 [关联(AS)/基点(B)/计数(COU)/间距(S)/列数(COL)/行数(R)/层数(L)/退出(X)] <退出>:"，点选"列数(COL)"，确定。

(7) 命令行提示变成："输入列数或 [表达式(E)] <3>:"，输入列数 5，确定。

(8) 命令行提示变成："指定列数之间的距离或 [总计(T)/表达式(E)] <45>:"，输入列距 50，确定。

(9) 按【Esc】键结束命令，完成阵列。

2. 完成过程二(对话框操作过程)

(1) 在命令行输入"AR"或者"ARRAY"，左下角将弹出如图 10-5 所示的复选框。

图 10-5　"AR"命令复选框

(2) 点选"ARRAYCLASSIC"，弹出【阵列】对话框，如图 10-6 所示。

(3) 点选阵列方式为"矩形阵列"。修改阵列"行"数为 3，"列"数为 5(软件默认都为 1)。输入行距"行偏移"数为 40，列距"列偏移"数为 50。观察【阵列】对话框中"预览窗口"显示出 3 行 5 列的排列情况，如无问题，则可继续下面的操作。

(4) 点击【选择对象】按钮，十字光标变成方形选择框，点选阵列对象图形，确认，软件再次弹出如图 10-6 所示的【阵列】对话框。

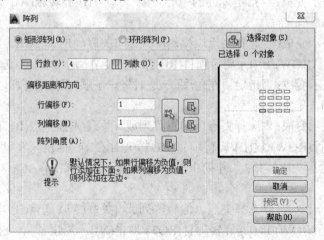

图 10-6　【阵列】对话框

注意"选择对象"操作前后的区别：① 对象选择前的"已选择 0 个对象"变为选择后的"已选择 16 个对象"(这 16 个对象是指所选择的对象中包括 16 个绘图元素，而非阵列总数目)；② 【确定】按钮由之前的无法点击变成可以进行点击操作的可见状态。

(5) 点击【确定】按钮，完成阵列，效果如图 10-4(b)所示。

10.3.3　环形阵列

【范例 2】　在图 10-7(a)所示图形的基础上绘制图 10-7(b)所示图形。

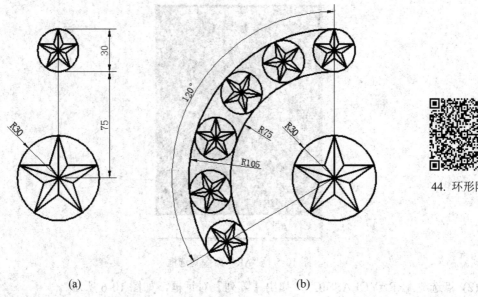

44. 环形阵列

(a)　　　　　　　　　　　　(b)

图 10-7　【范例 2】环形阵列

1. 完成过程一(命令行操作过程)

(1) 点击菜单【修改】—【阵列】—【环形阵列】，或命令行"AR"—"ARRAYPOLAR"。

(2) 命令行提示变成："选择对象: 指定对角点:"，点选阵列对象，确定。

(3) 命令行提示变成："指定阵列的中心点或 [基点(B)/旋转轴(A)]"，点选环形阵列中心点(大圆中心点)，确定。

(4) 命令行提示变成："选择夹点以编辑阵列或 [关联(AS)/基点(B)/项目(I)/项目间角度(A)/填充角度(F)/行(ROW)/层(L)/旋转项目(ROT)/退出(X)] <退出>:"点选填充角度(F)。

(5) 命令行提示变成："指定填充角度(+=逆时针、-=顺时针)或 [表达式(EX)] <360>:"，输入阵列角度 120，确定。

(6) 命令行提示变成："选择夹点以编辑阵列或 [关联(AS)/基点(B)/项目(I)/项目间角度(A)/填充角度(F)/行(ROW)/层(L)/旋转项目(ROT)/退出(X)] <退出>:"，点选项目(I)。

(7) 命令行提示变成："输入阵列中的项目数或 [表达式(E)] <6>:"，输入阵列数 6，确定。

(8) 命令行提示变成："选择夹点以编辑阵列或 [关联(AS)/基点(B)/项目(I)/项目间角度(A)/填充角度(F)/行(ROW)/层(L)/旋转项目(ROT)/退出(X)] <退出>:"，直接按回车键确定，或者按【Esc】键结束命令，完成阵列。

2. 完成过程二(对话框操作过程)

(1) 在命令行输入"AR"或者"ARRAY"，左下角会弹出如图 10-5 所示的复选框。

(2) 点选"ARRAYCLASSIC"，弹出【阵列】对话框，如图 10-6 所示。

(3) 确定环形阵列中心点：点击"中心点"、"▣"图标，绘图十字光标变成十字线，用十字线点选图 10-7(a)中大圆圆心，圆心坐标自动进入"中心点"X、Y 坐标输入框中。(也可以直接输入环形阵列中心点的坐标，代替点选中心点。此法不提倡。)

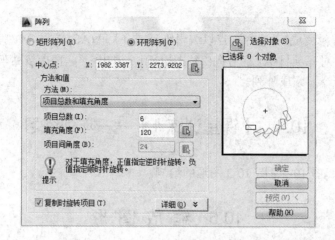

图 10-8　环形阵列对话框

(4) 修改【方法】(M)选项：

■ 选择方法为"项目总数和填充角度"。

■ 项目总数：输入 6。

■ 填充角度：输入 120。(注意：软件默认逆时针方向，如果是逆时针方向阵列，须输入负值。)

(5) 选择对象：点选【选择对象】按钮，用拾取框选择图 10-7(a)上部小圆，【阵列】对话框变化如图 10-8 所示

(6) 观察图 10-8 预览框中的效果示意图，确认后点击【确定】，完成阵列。效果图如图 10-7(b)所示。

10.3.4　路径阵列

AutoCAD 2010 之前软件没有路径阵列，AutoCAD 2012 及之后版本才具有路径阵列功能，路径阵列没有如图 10-6 所示的参数设置对话框，只能通过命令行进行操作。

【范例3】　完成图 10-3 图形的绘制。

操作过程如下：

起始条件：完成绘制直线和直线左下端点处星形图的绘制。

(1) 点击菜单【修改】—【阵列】—【路径阵列】，或命令行"AR"
—"ARRAYPATH"。

45. 路径阵列

(2) 命令行提示变成："选择对象: 指定对角点:"，点选阵列对象，确定。

(3) 命令行提示变成："选择路径曲线:"，点选阵列路径(直线)，确定。

(4) 命令行提示变成："选择夹点以编辑阵列或 [关联(AS)/方法(M)/基点(B)/切向(T)/项目(I)/行(R)/层(L)/对齐项目(A)/Z 方向(Z)/退出(X)] <退出>:"，点选项目(I)。

(5) 命令行提示变成："指定沿路径的项目之间的距离或 [表达式(E)] <251.0789>:"，输入阵列间距 300，确定。

(6) 命令行提示变成："指定项目数或 [填写完整路径(F)/表达式(E)] <9>"，输入阵列数

目 6，确定。

(7) 命令行提示变成："选择夹点以编辑阵列或 [关联(AS)/方法(M)/基点(B)/切向(T)/项目(I)/行(R)/层(L)/对齐项目(A)/Z 方向(Z)/退出(X)] <退出>:"，直接按回车键确定，或者按【Esc】键结束命令，完成阵列。

10.4 【课堂训练 1】——阵列练习

练习图 10-1、图 10-2、图 10-3 图形的绘制。

10.5 缩 放 图 形

10.5.1 缩放的功能及命令

1. 功能

缩放使对象按照比例放大或缩小，对象的实际尺寸发生变化。区别于图形观察的【实时缩放】和【窗口缩放】命令(或菜单【视图】→【缩放】)，观察图形的"缩放"命令只是显示图形放大或缩小，而对象的实际尺寸不变。

2. 执行方式

(1) 命令行：输入"SCALE"。

(2) 工具栏：点击【修改】工具栏【▢】(缩放)按钮。

(3) 菜单：依次点击【修改】→【缩放】菜单命令。

命令执行后，命令行将出现以下提示信息：

选择对象：

指定基点：

指定比例因子或 [复制(C)/参照(R)] <1.0000>:

可见，软件提供了比例因子缩放、复制缩放和参照缩放三种缩放功能。

10.5.2 比例缩放

比例因子缩放是通过指定缩放比例实现对象缩放的方法。

【范例 4】 将图 10-9(a)所示图形缩放成图 10-9(b)所示图形。

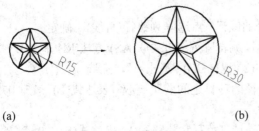

(a)   (b)

图 10-9   比例缩放

46. 比例缩放、复制缩放

操作过程如下:

(1) 单击【修改】工具栏的【缩放】按钮,命令行出现"选择对象"提示,绘图十字光标变成方形拾取框。

(2) 选择对象:选择图 10-9(a)R15 圆,命令行出现"指定基点"提示,绘图十字光标变成十字线。

(3) 点选缩放基点:用十字线点选 R15 圆心作为基点,命令行出现"指定比例因子或 [复制(C)/参照(R)] <2.0000>:"提示。

(4) 输入缩放比例因子:输入缩放比例 2,按回车键,完成缩放。效果图如图 10-9(b) 所示。

10.5.3 复制缩放

比例缩放后,原图不会保留,只存在缩放后的图形,如果需要保留原图,就需要采用复制缩放。

【范例5】 将图 10-10(a)所示图形缩放成图 10-10(b)所示图形。

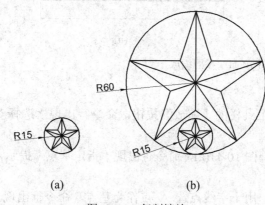

(a)   (b)

图 10-10 复制缩放

操作过程如下:

(1) 单击【修改】工具栏的【缩放】按钮,命令行出现"选择对象"提示,绘图十字光标变成方形拾取框。

(2) 选择对象:选择图 10-10(a),命令行出现"指定基点"提示,绘图十字光标变成十字线。

(3) 点选缩放基点:用十字线点选圆下方象限点作为基点,命令行出现"指定比例因子或 [复制(C)/参照(R)] <2.0000>:"提示。

(4) 选择"复制(C)"缩放:在"指定比例因子或 [复制(C)/参照(R)] <2.0000>:"提示后输入"C",按回车键,命令行出现"定比例因子或 [复制(C)/参照(R)] <2.0000>: "提示。

(5) 输入缩放比例因子:输入缩放比例 4,按回车键,完成缩放。效果图如图 10-10(b) 所示。

10.5.4 参照缩放

参照缩放是指不用直接输入缩放比例因子,通过输入参照长度(原长度)和新长度(目标长度)，由软件自动计算比例因子实现缩放的方式(比例因子=新长度值÷参照长度值)。

参照缩放主要应用在以下情况：

■ 不易精确计算出比例因子值：如将尺寸值 3 缩放为 7。

■ 参照长度不便输入：可直接通过绘图十字光标点选参照尺寸的两个端点实现参照长度输入。

■ 新长度不便输入：可直接通过绘图十字光标点选目标对象(新尺寸)的两个端点实现参照长度输入。

【范例 6】 将图 10-11(a)所示图形缩放成图 10-11(b)所示图形。

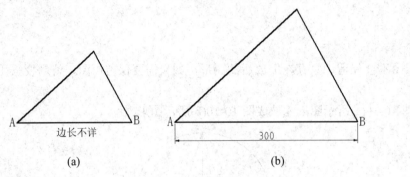

47. 参照缩放

图 10-11　参照缩放

操作过程如下：

(1) 单击【修改】工具栏的【缩放】按钮，命令行出现"选择对象"提示，绘图十字光标变成方形拾取框。

(2) 选择对象：选择图 10-11(a)，命令行出现"指定基点"提示，绘图十字光标变成十字线。

(3) 点选缩放基点：用十字线点选 A 点作为基点，命令行出现"指定比例因子或 [复制(C)/参照(R)] <1.0000>:"提示。

(4) 选择"参照(R)"缩放：在"指定比例因子或 [复制(C)/参照(R)] <1.0000>:"提示后输入"R"，按回车键，命令行出现"指定参照长度 <1.0000>:"提示。

(5) 指定参照长度第一点：十字光标点击 A 点，命令行出现"指定参照长度 <1.0000>:指定第二点:"提示。

(6) 指定参照长度第二点：十字光标点击 B 点，命令行出现"指定新的长度或 [点(P)] <1.0000>:"提示。

(7) 输入新长度：输入 300，按回车键，完成缩放。效果图如图 10-11(b)所示。

10.6 　【课堂训练 2】——缩放练习

(1) 练习【范例 4】图 10-9、【范例 5】图 10-10、【范例 6】图 10-11 图形的绘制。

(2) 完成本项目工作任务：绘制图 10-1、图 10-2、图 10-3。

10.7 【课 外 训 练】

(1) 按照图 10-12 所示尺寸绘制图形。

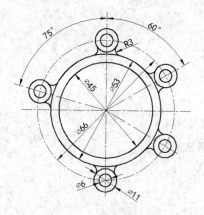

图 10-12　课外训练 1

48. 图 10-12 的完成过程

(2) 绘制图 10-13，图形外接圆半径为 50，各段圆弧交点为弧的中点。

图 10-13　课外训练 2

49. 图 10-13 的完成过程

(3) 绘制图 10-14。

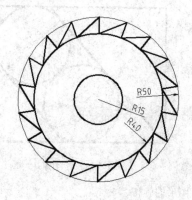

图 10-14　课外训练 3

50. 图 10-14 的完成过程

项目十一 旋转、拉伸

学习要点

- 旋转图形
  指定角度旋转 旋转到参照位置(角度) 旋转并复制
- 拉伸图形

技能目标

- 会按照指定角度旋转图形
- 会将图形旋转到指定位置(角度)
- 会利用旋转功能复制图形
- 能将旋转功能应用于解决工程实际问题
- 会通过拉伸实现图形的快速修改

11.1 工 作 任 务

51. 图 11-1 的完成过程

绘制图 11-1、图 11-2 所示图形。

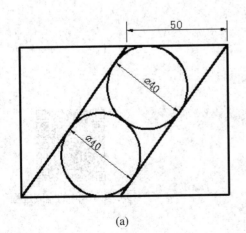

(a)

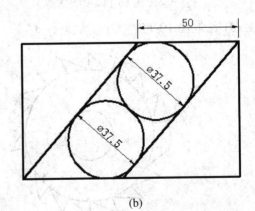

(b)

图 11-1 图形的旋转

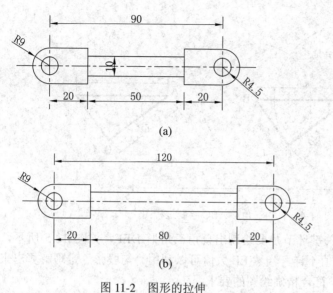

(a)

(b)

52. 图 11-2 的完成过程

图 11-2　图形的拉伸

11.2　任务分析

对于图 11-1(a)，绘制的关键环节是绘制出直角三角形 ABC，如图 11-3 所示。图中 AB=50，AC=40(即圆的直径)，那么只要稍有"中国文化"的人都应该知道 BC=30。这样利用已学习过的直线绘制、圆绘制、修剪命令就可以轻松完成绘制。

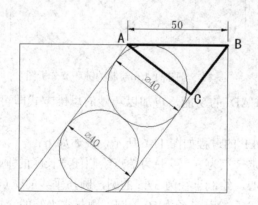

图 11-3　图 11-1(a)绘制关键环节分析图

直角三角形 ABC 的绘制过程如图 11-4 所示，叙述如下：

(1) 执行直线绘制命令，绘制长度为 50 的水平线段 AB。

(2) 执行绘制圆命令，分别以 A、B 点为圆心，以 40、30 为半径绘制两个辅助圆，圆的下侧交点即为 C 点。

(3) 连接 AC、BC。

(4) 删除两个辅助圆。

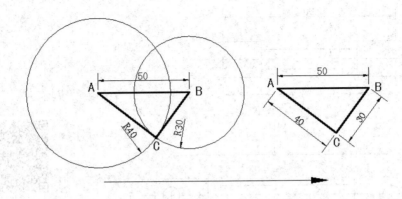

图 11-4　直角三角形 ABC 绘制过程图

对于图 11-1(b)，绘制的关键环节是要绘制出直角三角形 DEF，如图 11-5 所示，显然 DE=50，DF=37.5，但 EF 数值不详。当然 EF 数值可以利用"勾股弦"定理解算出来，但精度较差，不值得提倡，也不符合精确绘图的要求。

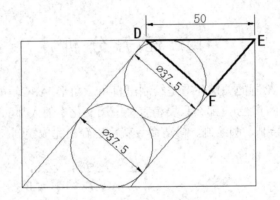

图 11-5　图 11-1(b)绘制关键环节分析图

适当地利用 AutoCAD 的功能，再加以巧妙的思维方式即可轻松解决这个关键技术问题。

绘制直角三角形 DEF 的过程如图 11-6 所示，叙述如下：

(1) 绘图区任意指定一点为 F，以 F 为端点绘制任意长度的垂直线和水平线。

(2) 再以 F 点为圆心，绘制半径为 37.5 的圆，圆与垂线的交点即为 D 点。

(3) 再以 D 点为圆心，绘制半径为 50 的圆，圆与水平线的交点即为 E 点。

结果如图 11-6(a)所示。

(4) 删除 R37.5、R50 的圆。

(5) 修剪直线。

结果如图 11-6(b)所示。

至此，斜边长为 50，一个直角边为 37.5 的直角三角形 DEF 绘制完成。但是正如图 11-6(b)所示，直角三角形 DEF 的位置不正确，图形需要的是如图 11-6(c)所示的位置，对比两图可以发现，只要将图 11-6(b)以 D 点为基点，旋转图形使 DE 处于水平位置即可得到图 11-6(c)所示图形。

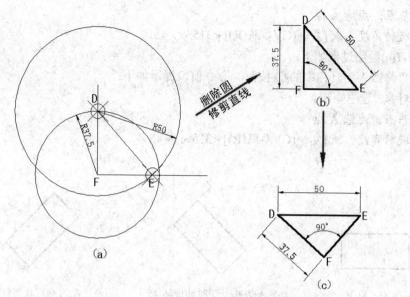

图 11-6 图解直角三角形 DEF 的绘制过程

因此，如何旋转图形成为问题。这正是本项目要学习掌握的技能。

分析图 11-2，图(a)与图(b)两端形状相同，只是长度不一样，绘制时可以毫不相干地分别绘制，也可采用复制的方法来解决，但最快捷的方法是在图(a)的基础上拉长 30 即可得到图(b)，这需要用到 AutoCAD 的拉伸功能。

11.3 图形的旋转

11.3.1 旋转的命令

旋转命令的功能是绕指定基点旋转图形中的对象。在 AutoCAD 中，执行旋转命令的方法有以下几种：

(1) 命令行：输入"ROTATE"命令。

(2) 工具栏：单击"修改"工具栏中的 ◌ (旋转)按钮。

(3) 菜单栏：依次点击打开【修改】→【旋转】菜单命令。

AutoCAD 提供了角度旋转、参照旋转和复制旋转三种基本旋转方法。

11.3.2 角度旋转

角度旋转是指围绕基点按照指定的角度旋转图形。规定角度以逆时针方向为正，顺时针方向为负。

【范例 1】 将图 11-7(a)所示图形分别进行逆时针旋转 45°、顺时针旋转 45°。

图 11-7(b)绘制过程如下：

单击"修改"工具栏中的 ◌ 按钮。命令窗口提示如下：

选择对象：选中矩形↙

指定基点：点选 A 点

指定旋转角度，或 [复制(C)/参照(R)] <315>： 45↙

图 11-7(c)绘制过程如下：

单击"修改"工具栏中的 ↺ 按钮。命令窗口提示如下：

选择对象：选中矩形↙

指定基点：点选 A 点

指定旋转角度，或 [复制(C)/参照(R)] <315>： −45↙

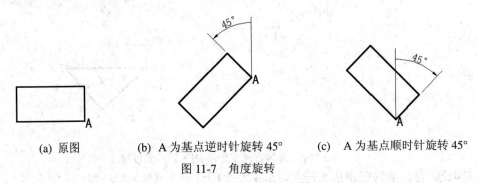

(a) 原图   (b) A 为基点逆时针旋转 45°   (c) A 为基点顺时针旋转 45°

图 11-7　角度旋转

11.3.3　参照旋转

参照旋转是以参照对象旋转图形。旋转时需要输入参照角度和新角度，软件将会自动计算出旋转角度，并围绕基点进行旋转。

参照旋转主要应用于以下情况：

■ 不易计算出旋转角度值，或旋转角不方便在命令行输入：如角度为 37°42′38″。

■ 参照边和目标位置明确，如果采用查询角度再计算旋转角的方法，则绘图效率会较低。

【范例 2】　将图 11-6(b)旋转到图 11-6(c)所示状态。

操作过程如下：(参看图 11-6)

单击"修改"工具栏中的 ↺ 按钮。命令窗口提示如下：

选择对象：选中三角形↙

指定基点：点选 D 点

指定旋转角度，或 [复制(C)/参照(R)] <315>： R↙

指定参照角 <0>：　依次点选 D 点、E 点

打开"正交"功能

指定新角度或 [点(P)] <0>：点击通过 D 点的水平线上某点，完成旋转

注意：指定参照角度时一定要点选两个点，首先点选基点，再点选另外一点。

11.3.4　复制旋转

采用以上两种旋转方法原图都不会保留，只存在旋转后的图形，如果需要保留原图，则需要采用复制旋转方法。

【范例3】 将图11-8(a)所示图形旋转成图11-8(b)所示图形。

操作过程如下：

单击"修改"工具栏的 ↻ 按钮。命令窗口提示如下：

选择对象：选择图11-8(a) ∠

指定基点：用十字线点选图形左端小圆圆心作为基点

指定旋转角度，或[复制(C)/参照(R)] <0>： C∠

指定旋转角度，或[复制(C)/参照(R)] <37>: 37∠

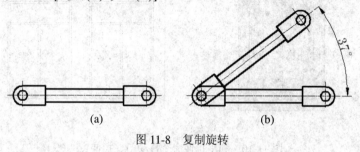

(a)   (b)

图11-8 复制旋转

11.4 【课堂训练1】

(1) 练习范例1、范例3的图形绘制。

(2) 完成本项目工作任务之图11-1和图11-2的绘制。

11.5 图形的拉伸

1. 功能

拉伸功能用于拉长或压缩对象，在一定条件下也可以移动图形。

值得注意的是，执行拉伸操作时必须以交叉窗口或交叉多边形方式选择要拉伸的对象。与交叉窗口选择框相交的对象被拉伸，完全包含在交叉窗口选择框内的对象被移动，完全没有和交叉窗口选择框接触的对象不变。可拉伸或移动的对象包括圆弧、椭圆弧、直线、多段线线段、射线、样条曲线等。

用交叉窗口选择对象，如图11-9(a)所示，矩形的右、下两条边与交叉窗口选择框相交，这两条边将被拉伸，拉伸结果如图11-9(b)所示。

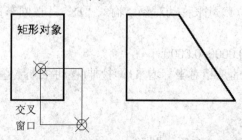

(a) 矩形对象与交叉窗口选择框   (b) 拉伸结果

图11-9 拉伸矩形成直角梯形

用交叉窗口选择对象，如图 11-10 所示，图中的门完全包含在交叉窗口选择框内，窗户的上、下两条边与交叉窗口选择框相交，所以门直接被移动到指定的新位置，而对窗户进行了拉伸。

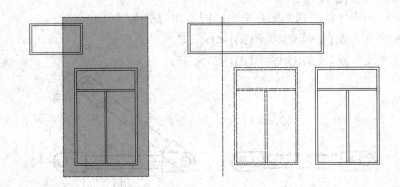

图 11-10　利用拉伸命令移动门、拉伸窗

2．拉伸命令

(1) 命令行：输入"STRETCH"命令。

(2) 菜单栏：依次点击【修改】→【拉伸】菜单命令。

(3) 工具栏：点击"修改"工具栏中的 (拉伸)按钮。

3．执行过程

执行拉伸命令，命令窗口提示及操作如下：

以交叉窗口或交叉多边形选择要拉伸的对象…

选择对象：

指定基点或[位移(D)] <位移>：

提示信息中各选项的含义及其操作如下：

(1) 指定基点：确定拉伸或移动的基点。指定基点后，命令窗口提示：

指定第二个点或<使用第一个点作为位移>：

此时，再确定一点，即执行"指定第二个点"选项，软件将选择的对象从当前位置按所指定的两点确定的位移矢量进行移动或拉伸；直接按 Enter 键，软件以所指定的第一点的各坐标分量作为位移量进行拉伸或移动对象。

(2) 位移(D)：指定位移量来移动对象。输入"D"并按回车键选择该选项，命令窗口提示：

指定位移 <0.0000, 0.0000, 0.0000>：

注意：此时需要输入的是相对坐标增量，即拉伸(移动)目标位置相对于当目前位置的 X、Y、Z 坐标增量。

4．应用举例

将图 11-2(a)拉伸成图 11-2(b)所示图形。

(1) 指定基点和第二点进行拉伸。

点击"修改"工具栏中的 ⬚ 按钮。命令窗口提示及操作如下：

以交叉窗口或交叉多边形选择要拉伸的对象…

选择对象：用交叉窗口选择图 11-2(a)右侧需要拉伸部分，包括尺寸标注，如图 11-11 所示。

指定基点或[位移(D)] <位移>：点击指定基点(本图基点无特殊要求，可任意点击指定)

指定第二个点或<使用第一个点作为位移>：@30,0↙

"@30,0"是指拉伸时，目标位置相对于基点 X 坐标增加 30(120-90)，其他不变。

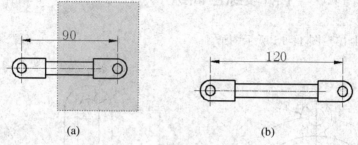

(a)   (b)

图 11-11 拉伸零件图过程

(2) 指定位移量进行拉伸。

点击"修改"工具栏中的 ⬚ 按钮。命令窗口提示及操作如下：

以交叉窗口或交叉多边形选择要拉伸的对象…

选择对象：用交叉窗口选择图 11-2(a)右侧需要拉伸的部分，包括尺寸标注，如图 11-11 所示。

指定基点或 [位移(D)] <位移>：D↙

指定位移 <0.0000, 0.0000, 0.0000>：30,0↙

"位移"拉伸不选择基点，软件按照目标位置和当前位置坐标增量进行拉伸。"30,0"是指拉伸时，目标位置相对于当前位置 X 坐标增加 30，其他不变。

11.6 【课堂训练2】

(1) 绘制图 11-2(a)，并采用拉伸命令创建图 11-2(b)。

(2) 练习图 11-9、图 11-10 的拉伸过程。

(3) 如图 11-12(a)所示，绘制边长为 50 的正六边形，再拉伸成 11-12(b)所示图形。

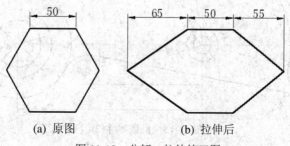

(a) 原图   (b) 拉伸后

图 11-12 分解、拉伸练习图

11.7 【课外训练】

绘制图 11-1~图 11-6、图 11-8、图 11-12。并将绘制结果通过 E-mail 发送至作业邮箱，图中文本不作要求。

11.8 【阶段综合训练】

绘制图 11-13~图 11-15 所示图形。

53. 图 11-14 的完成过程

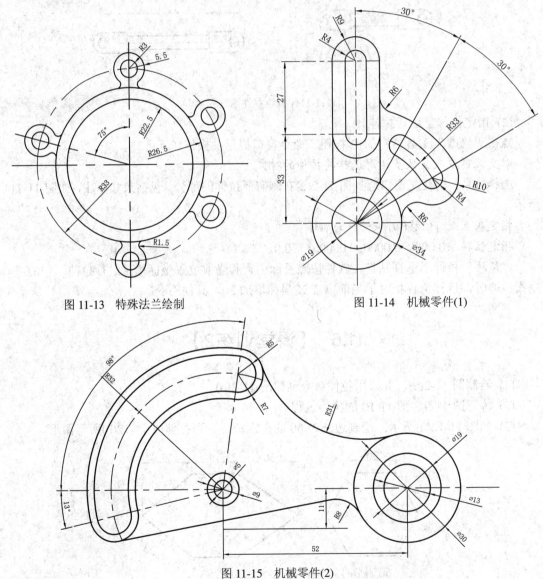

图 11-13 特殊法兰绘制

图 11-14 机械零件(1)

图 11-15 机械零件(2)

项目十二　文本与表格

学习要点

- 文本

  文本样式　文字输入　编辑文字
- 表格

  创建表格　设置表格样式　修改表格

技能目标

- 能按照图形需要设置文字样式
- 会在图形合适位置输入并编辑文字
- 会创建、编辑表格

12.1 工 作 任 务

完成图 12-1 所示的图形，并在图 12-1 的右侧编辑表 12-1。

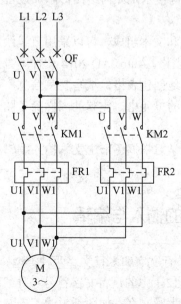

图 12-1　电机正、反转主回路图

54. 图 12-1 的完成过程
   （1. 图形绘制）

55. 图 12-1 的完成过程
   （2. 添加文字）

56. 图 12-1 的完成过程
   （3. 编辑表格）

表 12-1　电机正、反转控制设备材料表

序　号	设备名称	型号与规格	数　量	备　注
1	三相异步电动机	YS63-4JT180W	1	
2	低压断路器	DZ47-60/3P	1	
3	低压断路器	DZ47-60/1P	1	
4	交流接触器	CJX2 12 A	2	
5	热继电器	JRS1-09-25/Z	2	
6	PLC	FX_{2N}-32M-001	1	
7	万能转换开关	LW5D-16 YH3/3	1	
8	按钮(不带灯)	LAY3	3	2绿，1红
9	信号灯	AD11-25/40-1G	3	红、绿、黄各1
10	接触器辅助触头	一开一闭	2	
11	导轨	通用	若干	
12	端子排	通用	10	
13	铜芯线	1 mm^2	若干	控制电路
14	铜芯线	2 mm^2	若干	主电路

12.2　任 务 分 析

通过前面 11 个项目的学习，利用所掌握的技能，绘制图 12-1 中除文字外的其他部分应该没有问题。所以对于图 12-1 来说，关键技术是如何给图形添加设备文字符号和导线编号。

观察表 12-1，基本来说表格由表格框线和文本组成，可以采用直线绘制命令及偏移功能绘制框线，再在其中添加文本就可以形成表格。AutoCAD 2014 软件本身提供了表格创建和编辑功能，用户可以利用这个功能很方便地创建表格，填写文字信息，修改表格宽度、高度，还可以插入、删除行、列或合并相邻的单元格。完整的图样除了图形，还必须有尺寸标注和一些说明性文字。

所以，本项目就以完成工作任务入手，学习掌握图形中文本输入编辑和表格创建编辑技术。

12.3　文本的输入与编辑

在 AutoCAD 中，文本的输入和编辑有单行文字和多行文字两种类型。通常，比较简短的文字，如标题栏信息、尺寸标注说明、图 12-1 中的设备文字符号和导线编号等，可采用单行文字类型进行编辑；对带有段落格式的大段文字，如图纸说明、安装要求、技术条件

等，可采用多行文字类型进行编辑。AutoCAD 生成的文字对象，其外观由它关联的文字样式来决定。

12.3.1 文字样式

文字样式定义了单行文字输入和标注文字采用的字体以及其他设置，如字高、颜色及文字标注方向等。默认情况下，Standard 文字样式是当前样式，用户也可以根据需要创建新的文字样式。执行文字样式命令的方法如下：

(1) 菜单栏：依次点击【格式】→【文字样式】菜单命令。

(2) 命令行：输入命令"STYLE"。

(3) 工具栏：点击"文字"工具栏中的 (文字样式)按钮。

执行文字样式命令后，会自动弹出"文字样式"对话框，如图 12-2 所示。

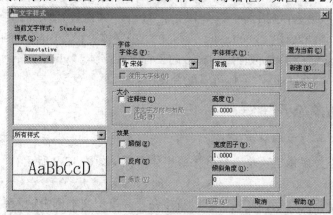

图 12-2 "文字样式"对话框

单击"文字样式"对话框中的"新建"按钮，弹出"新建文字样式"对话框，在"样式名"文本框中输入文字样式的名称，如"样式 1"，单击"确定"按钮，返回"文字样式"对话框。

在"字体名"下拉列表中选择"gbeitc.shx"选项，再勾选"使用大字体"复选框，然后在"大字体"下拉列表中选择"gbcbig.shx"选项，如图 12-3 所示。单击"应用"按钮，退出"文字样式"对话框。

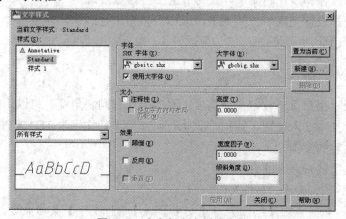

图 12-3 定义新文字样式字体

"文字样式"对话框中常用选项含义如下：

1)"样式"选项区

"样式"选项区包括"样式"选择框和"新建"、"置为当前"、"删除"按钮四项。

"样式"选择框用来选择文字样式名称，默认情况下，Standard 文字样式是当前样式。"新建"供用户根据需要创建新的文字样式。"置为当前"用于修改用户创建的样式名。"删除"用于删除样式名。

2)"字体"选项区

"字体"选项区包括"使用大字体"复选框、"字体名"选择、"字体样式"选择和"高度"指定四个项目。

如果要选用国际标准的工程汉字字体，就勾选"使用大字体"复选框，可以通过选项组分别确定"SHX 字体"和"大字体"。"SHX 字体"是通过图形文件定义的字体。"大字体"用来指定亚洲语言(包括简、繁体汉语，日语，韩语等)使用的文本格式。字体中"gbenor.shx"(直体西文)和"gbeitc.shx"(斜体西文)字体是符合国际标准的工程字体，"大字体"中"gbcbig.shx"字体是符合国际标准的工程汉字字体。"gbenor.shx"和"gbcbig.shx"、"gbeitc.shx"和"gbcbig.shx"字体可以配合使用。

✦✦✦✦✦✦ 温馨提示 ✦✦✦✦✦

如果用户需要选择习惯使用的"宋体"、"黑体"等中文字体，就不要勾选"使用大字体"复选框，下拉字体选项单选择需要的字体即可，如图 12-2 所示。
✦✦✦✦✦✦✦✦✦✦✦✦✦✦✦✦✦✦✦✦✦✦✦✦✦✦✦✦✦✦✦✦

"高度"用于指定文字的高度。可以直接在"高度"文本框中输入高度值，也可以不输入，在编辑单行文字和设置尺寸标注时再进行指定。

3)"效果"选项区

该选项区用于设置字体的特征，有"颠倒"、"反向"、"垂直"复选框和"宽度因子"、"倾斜角度"输入框等。系统默认宽度因子为"1"，若输入小于 1 的数值，则文本变窄，相反文本变宽。用户可以结合预览观察设置效果。

4)预览框

用于显示与选择和设置的文字样式对应的文字预览效果。

文字样式选择设置完成后，要点击"应用"按钮进行确认，并点击"关闭"按钮关闭"文字样式"对话框。

12.3.2　单行文字输入

执行此命令，用户可以设定文字高度、对齐方式和倾斜角度，可以用绘图十字光标在绘图区选择多个文本插入位置，即用户只执行一次"单行文字"(DTEXT)命令就能在多个位置插入不同内容的文本。

执行单行文字输入命令的方法如下：

(1) 命令行：输入命令"DTEXT"。

(2) 菜单栏：依次点击【绘图】→【文字】→【单行文字】菜单命令。

(3) 工具栏：点击"文字"工具栏中的 A (单行文字)按钮。(不常用)

命令执行后，窗口显示提示信息如下：

指定文字的起点或 [对正(J)/样式(S)]:

提示信息中各选项的含义如下：

(1) 指定文字的起点：在绘图区点击即将输入文字的位置。

(2) 对正(J)：设定文字的对齐方式，有左下、右下、居中等，默认为"左下对齐"。

(3) 样式(S)：指定文字样式，可提前在"文字样式"对话框中设定。如果显示的文字样式不是用户所需，则可输入"S"并回车，重新指定文字样式。

用单行文字命令可以连续输入多行文字，按"Enter"键换行，但用户不能控制各行的间距。用单行文字命令的优点是输入的文字对象每一行都是一个单独的实体，因而对每行进行重新编辑或定位就很容易。如图 12-1 中的设备文字符号和导线编号可以采用单行文字命令一次输入完成，然后移动到相应位置即可，大大提高了文字输入速度。

12.3.3 多行文字输入

多行文字命令可以创建具有一定格式的多行文字，所有文字组成一个完整的对象。

执行多行文字输入命令的方法如下：

(1) 命令行：输入命令"MTEXT"。

(2) 工具栏：点击"绘图"工具栏中的 A (多行文字)按钮。

(3) 菜单栏：依次点击【绘图】→【文字】→【多行文字】菜单命令。

(4) 工具栏：点击"文字"工具栏中的 A (多行文字)按钮。

命令执行后，命令窗口提示及操作如下：

指定第一角点：在绘图区点击打算输入文字的位置

指定对角点或[高度(H)/对正(J)/行距(L)/旋转(R)/样式(S)/宽度(W)]: 单击指定另一角
  点的位置

此时弹出"文字格式"编辑器和文本输入框，如图 12-4 所示。

图 12-4　多行文字输入的"文字格式"编辑器

编辑器主要项目的含义如下：

(1) 样式下拉列表框：该列表框中有当前已经定义的文字样式，可通过下拉列表选择需要的其他样式。

(2) 字体下拉列表框：该列表框用于改变字体。

(3) 字体高度列表框：用于指定输入的字体大小。

" **B** *I* U Ō ↶ ↷ b̥ ■ByLayer ∨ " 和 Word 软件中的对应功能一样，用于设置文字是

否加粗、倾斜、带下划线、带上划线、撤销、重输、文字颜色等。

用户可将鼠标指针放置在相关按钮上稍作停留，使按钮的名称自动弹出，以了解各个按钮的功能。

12.3.4　文字编辑

图形文字初步输入完成后，一般需要有一个重新编辑的过程。常用的编辑文字的方法如下：

(1) 用鼠标左键双击文字，打开单行文字输入框或多行文字编辑器进行编辑。(最简便、最常用)

(2) 利用"DDEDIT"命令编辑单行文字或多行文字。

在命令窗口输入"DDEDIT"并回车，或执行【修改】→【对象】→【文字】→【编辑】菜单命令，或单击"文字"工具栏中的 按钮，打开单行文字输入框或多行文字编辑器，修改编辑文字内容。用"DDEDIT"命令编辑文字的优点是执行一次命令可以修改多个文字对象。

(3) 利用"PROPERTIES"命令可修改文本。

选择要修改的文本后，单击"标准"工具栏中的 按钮，执行"PROPERTIES"命令，弹出"特性"对话框。在该对话框中，用户不仅能修改文本的内容，还能修改其他许多属性，如倾斜角度、对齐方式、高度和文字样式等。

12.4　【课堂训练1】

绘制图 12-1，并完成图中设备文字符号与导线编号的文字输入工作。

12.5　表　　格

在 AutoCAD 2014 中，用户可以方便地创建表格对象。创建表格时，系统首先生成一个空白表格，用户可在该表格中填入文字信息，而且还可以很方便地修改表格的宽度、高度及表中文字，以及插入、删除行、列或合并相邻的单元格。

12.5.1　创建表格

AutoCAD 2014 可以创建空白表格，空白表格的格式由当前表格格式来决定。执行该命令时，用户要输入的参数有行数、列数、行高及列宽等。

执行创建表格命令的方法如下：

(1) 菜单栏：依次点击【绘图】→【表格】菜单命令。

(2) 命令行：输入命令"TABLE"。

(3) 工具栏：点击"绘图"工具栏中的 按钮。

执行创建表格命令后，软件自动弹出"插入表格"对话框，如图 12-5 所示。

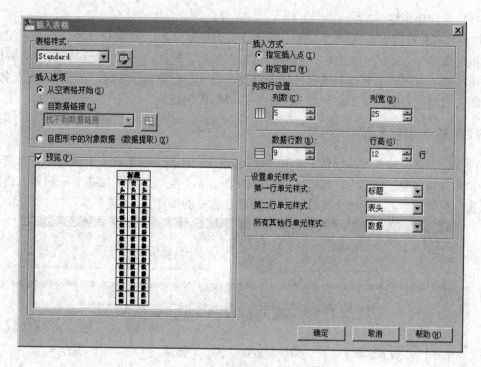

图 12-5　"插入表格"对话框

"插入表格"对话框有以下常用选项：

（1）"表格样式"选项区：系统默认的表格样式为"Standard"，第一行是标题行，第二行是表头行，其他行是数据行，如图 12-6 所示。

表12-1　电机正反转控制设备材料表				
序号	设备名称	型号与规格	数量	备注
1	三相异步电动机	YS63--4JT180W	1	
2	低压断路器	DZ47-60/3P	1	
3	低压断路器	DZ47-60/1P	1	
4	交流接触器	CJX2 12A	2	

图 12-6　"Standard"样式表格

（2）"插入方式"选项区：在"指定插入点"和"指定窗口"两个选项间选择其一。系统默认表格的左上角作为基点。

如果点选"指定插入点"，用户则需要在绘图窗口合适位置指定表格左上角的位置，软件将以表格左上角位于指定插入点作为表格位置控制条件，来创建用户指定行数、列数、行高、列宽的表格。

如果点选"指定窗口"，用户则要以交叉窗口方式指定表格位置(在绘图窗口指定表格左上角和右下角所决定的表格位置)，软件将在用户指定的窗口范围内按照用户指定的行数、列数来创建表格。

（3）"列和行设置"选项输入区：用于设置表格的列数、列宽和行数、行高。注意：以"指定窗口"方式插入表格时，列数、列宽和行数、行高四项只需要设置其中的两项。

用户根据自己的需要合理选择并输入列数、列宽和行数、行高后，点击"确定"按钮，在绘图窗口指定表格位置，即可完成一个空白表格的创建。

12.5.2 输入表格数据

在空白表格中输入并编辑数据，和 Microsoft Excel 或 Word 表格中输入并编辑文字的方法非常类似。输入数据时，双击激活相应的单元格，会弹出如图 12-7 所示的单元格文字编辑器，在单元格可进行输入文字、符号或数字数据的操作。

(a) 输入并编辑表格标题

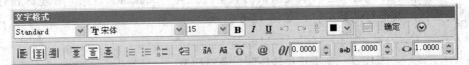

(b) 输入并编辑表头

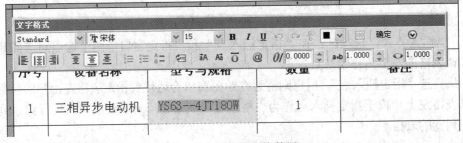

(c) 输入并编辑表格数据

图 12-7 单元格文字编辑器

利用文字编辑器设置字体、字高，是否加粗、倾斜、带下划线、带上划线、水平居中、垂直居中，特殊符号输入，设置文字倾角等。

在编辑表格数据的过程中，如果需要增加行或列，可在计划增加位置点选单元格，单击鼠标右键，弹出表格编辑菜单，点击"插入列"→"左"或"右"或("插入行"→"上"或"下")即可。同样，如果要删除某一行或列，则只需点选要删除行或列的任一单元格，单击鼠标右键，在弹出的表格编辑菜单中点选"删除行"或"删除列"即可。

文字高度，表格行高、列宽涉及表格和图形的整体协调效果，初学者要有耐心，在绘图实践中不断探索、总结。要让表格的大小去适应、协调图形，万不可本末倒置，用放缩图形的方法让图形来适应表格。

12.6　【课堂训练 2】

在图 12-1 的基础上，创建并编辑表 12-1。

12.7　【课 外 训 练】

完成本项目工作任务，并将绘制成果通过 E-mail 发送至作业邮箱。

项目十三 倒角和圆角

学习要点

- 倒角(倒角距离设置、距离倒角、角度倒角、多段线倒角、倒角模式选择)
- 圆角(圆角半径设置、半径圆角、多段线圆角、圆角模式选择、平行线圆角)

技能目标

- 会设置倒角距离，会用距离、角度进行倒角
- 会对多段线绘制的多边形进行一次性倒角
- 会设置倒角模式
- 会设置圆角半径并用半径进行圆角
- 会对多段线绘制的多边形进行一次性圆角，会对两条平行线进行圆角
- 会设置圆角模式

13.1 工作任务

57. 图 13-1 的完成过程

绘制图 13-1 所示的机械零件图。注意图形为上下、左右对称。

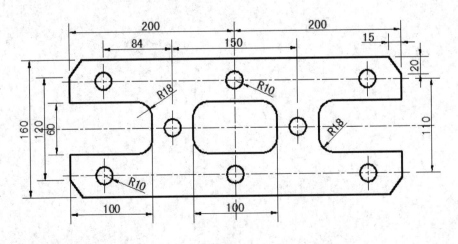

图 13-1 机械零件图

13.2 任务分析

分析图 13-1，使用已经学习掌握的直线绘制、圆绘制(圆弧绘制)、剪切、线型、尺寸标注等技能就可以绘制出来。但是图形中外围 4 个角 ΔX15、ΔY20 的线段绘制如果采用直线绘制则相当麻烦，内部 8 个四分之一圆角采用圆弧或剪切圆也效率极低。对于此类问题，AutoCAD 专门提供了倒角和圆角的功能可以轻松解决这个问题。

对比图 13-1 和图 13-2，如果采用倒角和倒圆角来进行绘制，将图 13-2 4 个外角采用ΔX15、ΔY20 倒角，8 个四分之一圆角采用 R18 圆角就可很轻松地得到图 13-1。

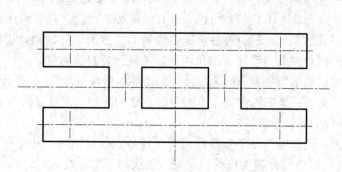

图 13-2　机械零件图绘制过程图样

所以，熟练掌握 AutoCAD 倒角和圆角绘图技能，可大大提高绘图工作效率。这正是本项目的学习任务。

13.3 倒　　角

1. 功能

倒角的功能是在不平行的两线间创建倒角。可以创建倒角的对象包括直线、多段线、构造线和射线。被倒角的对象可以保持倒角前的形状，也可将对象自动修剪或延伸到倒角线上。

2. 执行方式

(1) 命令行：输入命令"CHAMFER"。

(2) 菜单栏：依次点击【修改】→【倒角】菜单命令。

(3) 工具栏：单击"修改"工具栏中的　　(倒角)按钮。

3. 执行过程

执行倒角命令后，命令窗口提示信息如下：

命令: _chamfer

("修剪"模式) 当前倒角距离　1 = 0.0000，距离 2 = 0.0000

选择第一条直线或 [放弃(U)/多段线(P)/距离(D)/角度(A)/修剪(T)/方式(E)/多个(M)]:

"（"修剪"模式)"表示默认模式为倒角时会自动将对象修剪或延伸到倒角线。可通过"修剪(T)"选项改变模式。

对于新建的 CAD 文件，前面还没有设置过倒角距离，则命令窗口提示为初始值 0，即显示为"当前倒角距离 1 = 0.0000，距离 2 = 0.0000"。如果已经进行过倒角操作，则显示(默认)已经设置的倒角距离。

"选择第一条直线或放弃(U)/多段线(P)/距离(D)/角度(A)/修剪(T)/方式(E)/多个(M)]："为软件提供的操作选项，各选项意义如下：

(1) 选择第一条直线：这是软件默认选项，如果不做其他选择，则直接在绘图区点选要倒角的第一条线。

(2) 放弃(U)：无实际意义，输入"U"，弹出"命令已完全放弃。"命令窗口提示又回到"选择第一条直线或放弃(U)/多段线(P)/距离(D)/角度(A)/修剪(T)/方式(E)/多个(M)]："

(3) 距离(D)：通过指定(设置)两条直线被修剪的长度来创建倒角。用户应该根据实际情况重新设置两个倒角距离。设置了倒角距离后才能选择直线对象。

设置时命令窗口提示为"第一倒角距离"和"第二倒角距离"，但对于由两段不相交的线组成的角来说，第一、第二的定义在于倒角时点选的顺序，先点选的为"第一"，再点选的为"第二"，软件无默认定义。

(4) 多段线(P)：该选项为整条多段线的每个转折点创建倒角，并可将各转折点一次性倒角。倒角时软件按照逆时针顺序自动识别第一条线和第二条线，并按设置(默认)的距离 1、距离 2 进行倒角，这样距离 1、距离 2 不相等，倒角的图形将不对称。

对于用矩形命令绘制的长 300、宽 160 的矩形，采用多段线(P)方式分别进行等距倒角和不等距倒角的效果对比图如图 13-3 所示。

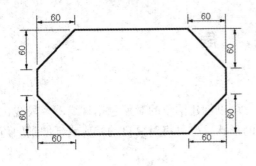 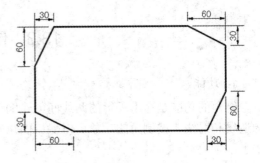

距离 1=60，距离 2=60   距离 1=60，距离 2=30

图 13-3　多段线等距倒角和不等距倒角效果对比图

(5) 角度(A)：通过指定第一条直线被修剪或延伸的长度以及倒角线与第一条直线间的夹角来创建倒角，如图 13-4 所示。用户应该根据实际情况重新设置倒角距离和角度，然后才能选择直线对象。

(6) 修剪(T)：改变倒角模式。

在"选择第一条直线或放弃(U)/多段线(P)/距离(D)/角度(A)/修剪(T)/方式(E)/多个(M)]："提示后输入"T"并回车。命令窗口提示为"输入修剪模式选项 [修剪(T)/不修剪(N)] <修剪>:"。"修剪(T)"表示当前(默认)模式为倒角时会自动将对象修剪或延伸到倒角线。如果要保留原图不修剪，则应输入"N"并回车。

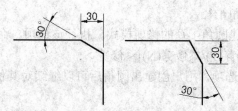

(a) 先点选上线倒角结果　　　　(b) 先点选右线倒角结果

图 13-4　角度倒角

(7) 方式(E)：选择修剪方式。

(8) 多个(M)：该选项可以为多组对象创建倒角，直到用户按 Esc 键结束。

13.4　【课堂训练 1】

58. 倒角(1)

(1) 用直线命令绘制长 300、宽 150 的矩形，并按照图 13-3 所示要求进行倒角。

(2) 用矩形命令绘制长 300、宽 150 的矩形，并按照图 13-3 所示要求进行倒角。

(3) 用直线命令绘制长 120、宽 75 的矩形，并按照图 13-4 所示要求进行倒角。

13.5　圆　　角

1. 功能

圆角命令的功能是为两段直线、圆弧、圆、椭圆弧、多段线、射线、样条曲线、构造线以及三维实体等创建指定半径的圆角。圆角指的是光滑地连接两个对象的圆弧。

2. 执行方式

(1) 命令行：输入命令"FILLET"。

(2) 菜单栏：执行【修改】→【圆角】菜单命令。

(3) 工具栏：单击"修改"工具栏中的 ⌒ (圆角)按钮。

3. 执行过程

执行圆角命令后，命令窗口提示信息如下：

命令: _fillet

当前设置: 模式 = 修剪，半径 = 18.0000

选择第一个对象或 [放弃(U)/多段线(P)/半径(R)/修剪(T)/多个(M)]:

提示信息中主要选项的含义如下：

(1) "当前设置: 模式 = 修剪，半径 = 18.0000:"说明当前创建圆角操作采用了"修剪"模式，圆角半径为 18。

(2) 选择第一个对象：选择创建圆角的第一个对象。选取对象后，系统提示"选择第二个对象:"。执行该选项，按当前圆角半径创建圆角。

(3) 多段线(P)：按当前圆角半径在二维多段线的各顶点处创建圆角。

(4) 半径(R)：设置圆角半径。

(5) 修剪(T)：确定创建圆角半径的修剪模式。执行该选项，命令窗口提示：

输入修剪模式选项[修剪(T)/不修剪(N)]＜修剪＞：

(6) 多个(M)：执行该选项，用户创建出圆角后可以继续对其他对象创建圆角，不必重新执行圆角命令。

若要进行圆角的对象为两条平行的直线，不需要输入半径值，执行命令后直接点选两条线，系统将自动创建与两平行对象相切，且切点通过首选直线端点的半圆弧，如图 13-5 所示，后选的直线将被自动修剪或延伸。

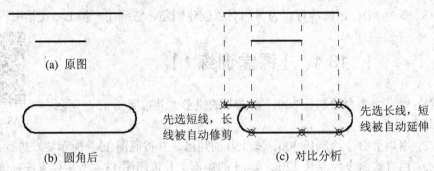

(a) 原图

(b) 圆角后

先选短线，长线被自动修剪

先选长线，短线被自动延伸

(c) 对比分析

图 13-5　两平行直线的圆角

13.6　【课堂训练 2】

(1) 用直线命令绘制长 300、宽 150 的矩形，按 R30 进行圆角。
(2) 用矩形命令绘制长 300、宽 150 的矩形，按 R30 进行圆角。
(3) 练习图 13-5 所示的两平行直线的圆角。
(4) 完成图 13-1 所示的本项目工作任务。

59. 圆角(2)

13.7　【课 外 训 练】

(1) 绘制图 13-6(a)所示图形，并倒角成图 13-6(b)所示图形。

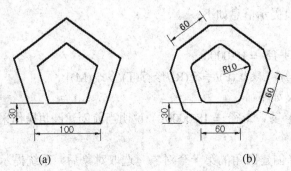

(a)　　　　　　　　　(b)

图 13-6　正五边形倒角

60. 图 13-6 的完成过程

(2) 完成图 13-1 所示的本项目工作任务。

项目十四 样条曲线的绘制与实际工程应用

学习要点

- 样条曲线的功能与命令
- 样条曲线的绘制过程
- 样条曲线在实际工程中的应用

技能目标

- 会绘制样条曲线
- 会应用样条曲线绘制实际工程中纵横比例为 1∶1 的曲线
- 会应用样条曲线绘制实际工程中纵横比例不同的曲线
- 会查用曲线
- 养成将样条曲线功能应用于工程实际的意识

14.1 工 作 任 务

某河段水位-流量关系如表 14-1 所示，请绘制出该河段的水位流量关系曲线图，并查图确定当流量分别为 60 m³/s、180 m³/s、360 m³/s、900 m³/s、1500 m³/s、2700 m³/s 时的水位。

表 14-1 某河段水位-流量关系

水位/m	478	478.5	479	479.5	480	480.5	481	482	483	484
流量/(m³·s⁻¹)	0	10	100	250	490	750	1050	1680	2490	3300

14.2 任 务 分 析

工程技术中经常会遇到两个相互关联、对应关系确定，但又无法用确定的函数关系表达的量，如某一河段的水位与流量关系、水库水位与库容的关系等。如果已知其中一个量(如河段流量、库容)，需要对应求出另外一个量时，传统的做法是在方格纸上采用一定的比例绘制出已知量确定的点，再用曲线板人工拟合绘制通过这些点的曲线，用已知量在曲线上查取对应的量，这种方法效率低、精度差。AutoCAD 的样条曲线命令具有自动拟合曲线的功能，可以直接输入数据绘制出拟合好的样条曲线，这种方法精度高。另外由于 AutoCAD

具有数字化绘图功能，使曲线的查询变得简单易行且精度高。本项目的工作任务就是学习掌握样条曲线的绘制技能，并将之用于解决工程实际问题。

14.3 样条曲线的绘制

"样条曲线"是指经过或接近一系列点的光滑曲线，常用于绘制形状不规则的光滑曲线，如河段水位-流量关系曲线、水库水位-库容关系曲线，以及机械图样中的剖视图、局部视图中的波浪线。

1. 功能

绘制样条曲线。

2. 执行方式

(1) 命令行：输入"SPLINE"命令。

(2) 工具栏：单击"绘图"工具栏中的~(样条曲线)按钮。

(3) 菜单栏：执行【绘图】→【样条曲线】菜单命令。

3. 执行过程

以绘制图 14-1 所示样条曲线为例。

执行 SPLINE 命令，命令窗口提示及操作如下：

指定第一个点或[对象(O)]：点选点 1

指定下一点：点选点 2

指定下一点：点选点 3

指定下一点或[闭合(C)/拟合公差(F)]<起点切向>：依次点选点 4、5、6、7、8、9、10

点选最后一点(点 10)后按 Enter 键

指定起点切向：按 Enter 键

指定端点切向：按 Enter 键

样条曲线绘制完毕，如图 14-1 所示。

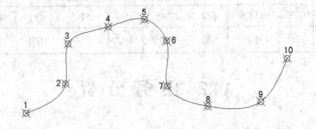

图 14-1 样条曲线的绘制(F=0)

提示中各选项的含义如下：

(1) 对象(O)：将所选对象转换成等价的样条曲线。并非所有线条都可被转换成样条曲线，只有经样条曲线拟合后的多段线才能被转换。

(2) 闭合(C)：选择此选项将绘制出封闭的样条曲线。

(3) 拟合公差(F)：拟合公差是指样条曲线与拟合点之间的拟合精度，是一个大于或等于零的数值。当拟合公差等于 0 时，样条曲线经过指定点，如图 14-1 所示图形就是采用系统默认的 F=0 绘制的；当拟合公差不为 0 时，样条曲线除经过起点和端点以外，其余点可能就不再经过指定点，如图 14-2 所示的图形拟合公差为 F=60。拟合公差越大，样条曲线与拟合点之间的距离就越远。

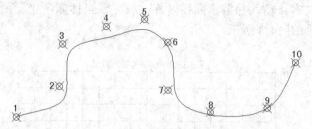

图 14-2　样条曲线的绘制(F=60)

绘制样条曲线的点，可在绘图区直接指定已知点(自动捕捉功能打开)。解决工程实际问题时可以直接输入由两个量所决定的坐标值，以达到精确绘图的目的。

14.4　样条曲线在实际工程中的应用

14.4.1　纵、横坐标比例一致(1∶1)的曲线绘制

【范例 1】　某水库水位-库容关系如表 14-2 所示，请绘制水库水位与库容的关系曲线，根据曲线查出当库容分别为 4.0/[(m³/s)·月]、18/[(m³/s)·月]、36/[(m³/s)·月]、54/[(m³/s)·月]、67/[(m³/s)·月]时的水库水位。

注：$1/[(m^3/s)\cdot 月]=1\times730\times3600=2\,628\,000(m^3)=262.8\times10^4(m^3)$，即 1 m³/s 的流量连续流一个月的水量，一月平均小时数$=365\times24\div12=730$(小时)。

表 14-2　某水库水位-库容关系

水位/m	100	105	110	115	120	125	130	135	140	145	150
库容/[(m³/s)·月]	3.0	5.0	7.7	11.6	16.5	22.3	29.5	38.0	48.5	60.0	72.6

曲线绘制过程如下：

(1) 确定坐标、纵横比例及曲线方格网范围。

① 确定坐标：根据水利工程绘图的一般规程，以 X 轴代表库容，以 Y 轴代表水位。

② 确定纵横比例：根据表 14-2 中数据分析可知，绘制曲线的高度为 50(150－100)，宽度为 69.6(72.6－3.0)，高宽比为 50/69.6，图形协调合适。绘图时纵、横坐标比例采用一致的 1∶1 绘制，数据不需要换算。

这样，绘制的曲线图形左下角起点坐标就为(3.0, 100)，右上角终点坐标就为(72.6, 150)。

③ 确定方格网坐标：为了便于查用曲线并使图形美观，曲线必须绘制在方格网中，方格网角点坐标和间距以 5、10、50、100、…的整倍数为宜。根据该任务数据分析，方格网左下角坐标为(0, 100)，右上角坐标为(80, 150)，方格网大小为 5×5。

(2) 绘制方格网。

① 启动直线绘制命令，分别以(0, 100)、(80, 100)、(80, 150)、(0, 150)为角点坐标

绘制矩形。

② 以左侧垂直线为基准线，绘制 1 行、15 列，列间距为 5 的矩形阵列；以下侧水平线为基准线，绘制 11 行、1 列，行间距为 5 的矩形阵列。也可采用偏移间距为 5 的偏移命令实现方格网绘制。

(3) 编辑图形文本。输入并编辑曲线名称，纵、横坐标名，坐标刻度等曲线图形的基本文字标记。结果如图 14-3 所示。

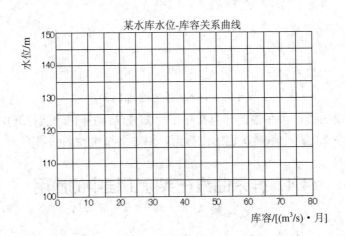

图 14-3   某水库水位-库容关系曲线图(1)

(4) 绘制曲线。

① 点击"绘图"工具栏中的~命令按钮。

② 依次输入(3，100)、(5，105)、(7.7，110)、(11.6，115)、(16.5，120)、(22.3，125)、(29.5，130)、(38，135)、(48.5，140)、(60，145)、(72.6，150)坐标，并连续按 Enter 键两次，即可完成通过上述 11 个点的样条曲线。

③ 设置样条曲线线型为：颜色——BYLAYER，线型——BYLAYER，线宽——0.3 mm。结果如图 14-4 所示。

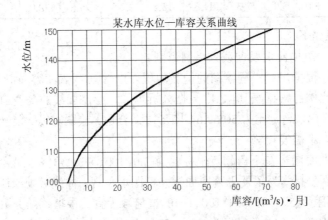

图 14-4   某水库水位—库容关系曲线图(2)

◆◆◆◆◆ ⚠ *注意*◆◆◆◆◆

在输入决定样条曲线的多个点坐标时，要连续输入，不可中断，以保证曲线自动拟合的精确性。另外，如果出现某一个点坐标值输入错误，不必前功尽弃重新输入，可以继续完成后续点坐标值的输入，全部输入完成后，再进行错误点坐标值的修正。

如错将(16.5，120)输入为(165，120)，则曲线如图 14-5 所示。

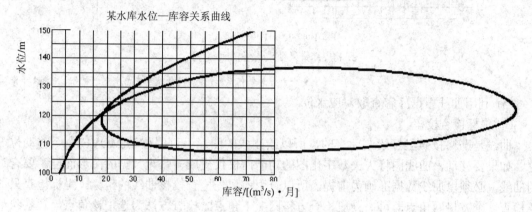

图 14-5　错将(16.5，120)输入为(165，120)的曲线图

修正方法如下：

① 判定错误点。用绘图十字光标点击曲线，曲线将变为图 14-6 所示的虚线，同时输入的坐标点会出现蓝色方框，可预判出最右端方格网外的蓝色小方框即为错误点，再将十字光标移到预判的错误点上(此时绘图十字光标变为绿色)，观察状态栏实时显示的绘图十字光标当前位置坐标值为(165，120)，可进一步确认错误点。

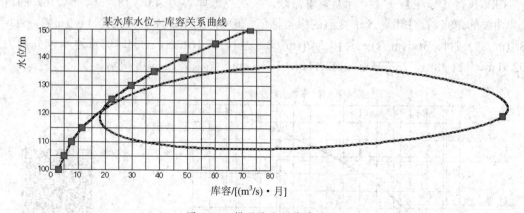

图 14-6　错误曲线图修改过程(1)

② 修改错误点。用绘图十字光标点选错误点，点位示点方框变为红色，如图 14-7 所示，表示已点击选中该错误点，命令行出现"指定拉伸点或[基点(B)/复制(C)/放弃(U)/退出(X)]："的提示，在命令行提示后输入正确的坐标(16.5，120)，按 Enter 键，即可将错误坐标值修改为正确的坐标值，图形自动变为图 14-4 所示图形。

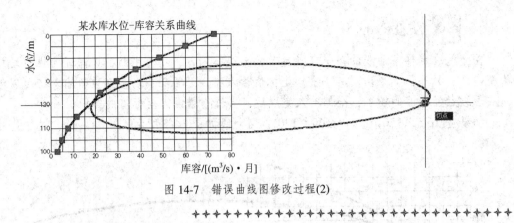

图 14-7 错误曲线图修改过程(2)

◆◆

(5) 利用曲线根据库容查取对应水位。

① 坐标检查校核。

曲线是严格按照坐标绘制而来的,所以绘制成的图形不可用移动(MOVE)命令移动位置,如果要移动,曲线图将失去数字化图的功能而仅仅变成一张无数据的图形而已。要查用曲线,必须以曲线数据准确为前提,所以查用前要先检查校核曲线的坐标。坐标检查只要检查一个方格网角点即可,一般检查方格网左下角点。检查方法为选中该角点,观察状态栏坐标数值,如果为(0, 100)即为正确无误。

② 查曲线。

(i) 选中最左端的垂直线(即库容为 0 的线),将颜色变为红色(其他颜色也行),以便于和其他线条明显区分。

(ii) 输入偏移命令,分别将库容为 0 的红线向右偏移 4.0、18、36、54、67,即可在方格网上绘制出库容分别为 4.0、18、36、54、67 的直线。

(iii) 执行【标注】→【坐标】菜单命令,依次点选库容为 4.0、18、36、54、67 的直线和曲线的角点,标注出这 5 个交点的纵坐标值,即可得到水库库容分别为 4.0/[(m³/s)·月]、18/[(m³/s)·月]、36/[(m³/s)·月]、54/[(m³/s)·月]、67/[(m³/s)·月]时的水库水位分别为 102.61 m、121.38 m、133.91 m、142.44 m、147.82 m,结果如图 14-8 所示。

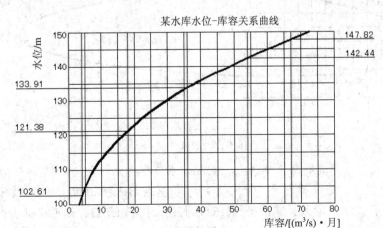

61. 图 14-8 的完成过程

图 14-8 某水库水位-库容关系曲线查用过程

14.4.2 纵、横坐标比例不一致的曲线绘制

【范例2】 完成本项目工作任务。

范例1的数据决定了图形高宽比合适，因此纵、横坐标比例可采用1：1绘制，但工程实际中经常遇到的决定曲线的各点的纵横坐标值不会这么合适，例如在本项目工作任务中，如果纵、横坐标比例都采用1：1绘制，则图形曲线的高宽比为6：3300=1/550，近似于一条直线，根本看不出曲线的变化趋势，更谈不上美观、协调和方便应用了，工程实际中如果遇到这类问题，一般都是采用不同的纵、横坐标比例来绘制曲线。

不同的纵、横坐标比例确定不可太复杂，既要美观协调，又要方便绘图和查用。因此，根据本项目工作任务表14-1中的数据分析，曲线绘制过程如下。

(1) 确定坐标、纵横坐标比例及曲线方格网范围。

① 确定坐标：根据水利工程绘图一般规程，以X轴代表流量，以Y轴代表水位。

② 确定纵横坐标比例：横坐标比例采用1：1。纵坐标采用1000：1，即将纵坐标(水位)放大1000倍绘制图形，亦即相当于将水位单位米换算成毫米来进行绘图。

这样，绘制的曲线图形左下角起点坐标就为(0，478000)，右上角终点坐标就为(3300，484000)。

③ 确定方格网坐标：为了便于查用曲线并使图形美观，方格网角点坐标和间距以500的整倍数为宜。根据该任务数据分析，方格网左下角坐标为(0，478000)，右上角坐标为(3500，484000)，方格网大小为500×500。

(2) 绘制方格网、编辑图形文本及绘制曲线。

方法及操作过程同范例1。结果图如图14-9所示。注意，该图纵坐标采用放大1000倍绘制，但在坐标数轴上还应该标注原始数值，如Y=478线实际为Y=478000。

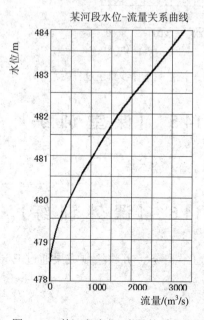

图14-9 某河段水位-流量关系曲线图

(3) 利用曲线根据河段流量查取对应的水位。

① 坐标检查校核。目的意义见范例 1，核对时注意方格网左下角点坐标应该为(0，478000)。纵横坐标采用不同比例时，建议给曲线加上旁注，注文应标明方格网左下角点坐标、查取数值与实际数值的换算关系等信息。

② 查曲线。操作过程与范例 1 近似，流量为 60 m³/s、180 m³/s、360 m³/s、900 m³/s、1500 m³/s、2700 m³/s 时，对应的纵坐标数值详见图 14-10 所示。

绘图时水位放大 1000 倍绘制，查曲线时要将查得的值对应缩小为 1/1000 即得实际水位。因此与 60 m³/s、180 m³/s、360 m³/s、900 m³/s、1500 m³/s、2700 m³/s 流量对应的实际水位分别为 478.822 m、479.299 m、479.745 m、480.756 m、481.734 m、483.253 m。

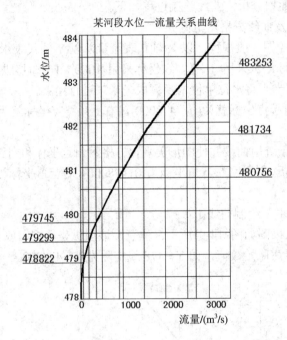

62. 图 14-10 的完成过程

图 14-10　某河段水位—流量关系曲线查用过程图

14.5　【课堂训练】

练习完成范例 1、范例 2 工作任务。

14.6　【课外训练】

再次完成范例 1、范例 2 工作任务，并将绘制成果通过 E-mail 发送至作业邮箱。

项目十五　多段线、多线绘制

学习要点

- 多段线的绘制命令
- 多段线的绘制过程及参数给定
- 多线的绘制命令
- 多线样式设置方法与技巧

技能目标

- 会调用多段线、多线命令
- 会使用多段线的特点解决工程实际问题
- 会设置多线参数
- 会绘制多线图形

15.1　工 作 任 务

(1) 用多段线绘制图 15-1 所示多边形，线宽 0.5 mm，并求出多边形的周长和面积。

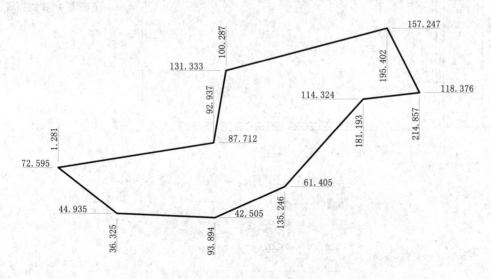

图 15-1　多段线应用任务 1

(2) 用多段线完成图 15-2 工作任务绘制。

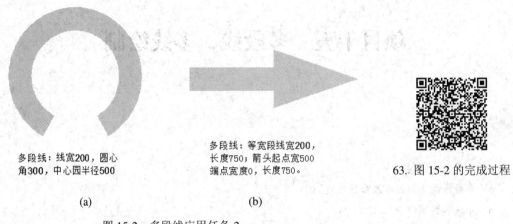

多段线：线宽200，圆心
角300，中心园半径500

多段线：等宽段线宽200，
长度750；前头起点宽500
端点宽度0，长度750。

63. 图 15-2 的完成过程

(a)   (b)

图 15-2　多段线应用任务 2

(3) 用多线绘制图 15-3 所示图形，多线图元要素如图 15-4 所示，其中中心线 CENTER2
线型比例为 25。

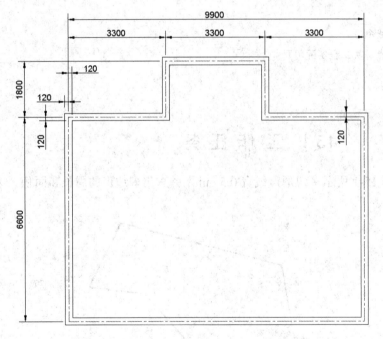

64. 图 15-3 的完成过程

图 15-3　多线应用任务

图元(E)		
偏移	颜色	线型
120	BYLAYER	ByLayer
0	红	CENTER2
-120	BYLAYER	ByLayer

图 15-4　多线图元要素

15.2 任 务 分 析

看到图 15-1，相信大家都非常熟悉——这是项目二直线绘制的课外工作任务，大家都已经绘制过该图形，相信现在会很快完成图形绘制。那么，大家已经能够熟练完成的任务，为什么又要放在这里，而且限定用多段线方法完成呢？如果仅仅完成图形绘制，采用直线绘制方法当然没问题，但是工作任务还要求出绘制的多边形的面积和周长。这个求面积和周长，用包括直线绘制在内的前 14 个项目所掌握的方法是无法解决的。

多段线的特点之一：绘制的图形是一个整体，整体就便于用 LIST 命令直接查询相关参数。用多段线绘制图 15-1，可以轻松解决面积和周长问题。采用直线绘制完成过的工作任务，放在这里让大家用多段线方法再次绘制一次，正是为了通过对比让大家深刻体会到直线绘制与多段线绘制效果的不同，以便在遇到类似工程实际问题时，能快速选择使用哪一种方法完成任务。

对于图 15-2，如果已经学过了图案填充，就可以通过先绘制轮廓线，再填充成图。但是填充还没有学习掌握，如何完成此项任务？

多段线的特点之二：异型性，它可以绘制异型图形，比如超宽的、变宽线段或圆弧，或变宽的组合线段、圆弧图形。图 15-2(a)是一段超宽的圆弧，图 15-2(b)是一段超宽的线段与一段变宽度线段的组合体，用多段线就可以轻松解决这些问题。

观察图 15-3，是由三条彼此平行、间距为 120 的线构成的图形，采用"直线绘制+距离 120 偏移+线型设置"应该可以轻松解决。但是工程中经常会遇到需要一次性绘制多条彼此平行直线的实际问题，如电气工程三相或三相五线制电路绘制、建筑墙体绘制，交通公路线、铁路线绘制，水利渠道线绘制等。因此，掌握多线设置及绘制技能实属必要。

15.3 多 段 线

多段线可以绘制出由多个直线段或圆弧段，或两者的组合线段等组成的连接成一体的图形对象。

15.3.1 调用方式

(1) 命令：输入"PLINE"命令。
(2) 工具栏：单击"绘图"工具栏 ⤸(多段线)按钮。
(3) 菜单：执行"绘图"→"多段线"菜单命令。

15.3.2 操作过程

执行 PLINE 命令后，命令窗口提示：
指定起点：(确定多段线的起点)
指定下一个点或[圆弧(A)/半宽(H)/长度(L)/放弃(U)/宽度(W)]：
如上述提示所示，用户可以用好几种选择项。如果对上述提示输入一个点，则 AutoCAD

把该点作为直线的端点，并从前一点到所指定的这点画一条直线，就像 LINE 命令一样，然后 AutoCAD 又提示输入另一断线。

对于 PLINE 命令的上述提示，若用户想输入某一选择项，只需输入提示中该项的大写字母即可。例如，输入"A"即选择了"圆弧(A)"项。下面分别描述各选项的含义。

(1) 指定下一个点：直接输入一个点，执行该选项，绘制出一直线段，可继续下一步操作。

(2) 半宽(H)：通过确定多段线起点、端点的半宽(线宽的一半)，绘制具体有一定宽度的线段。输入字母"H"后按"Enter"键，执行"半宽"选项，命令窗口提示及操作如下：

指定起点半宽<0.0000>: (输入半宽值后按"Enter"键)。

指定端点半宽<0.0000>:

若起点半宽与端点半宽一致，则直接按"Enter"键使用尖括号里面的当前值，否则重新指定半宽值。

指定下一个点或[圆弧(A)/半宽(H)/长度(L)/放弃(U)/宽度(W)]:

确定下一个点，直到点输入完毕后按"Enter"键，结束命令。

(3) 长度(L)：沿着上一段直线的方向绘制指定长度的直线；或者沿着上一段圆弧端点处的切线方向绘制指定长度的直线。输入字母"L"后按"Enter"键执行该选项。

(4) 放弃(U)：撤销最近一次绘制的线段后返回上一提示。重复选择该选项，可自后向前逐段撤销。

(5) 宽度(W)。通过确定线段起点、端点的宽度，绘制具有一定宽度的多线段。输入字母"W"后按"Enter"键，执行该选项，命令窗口提示及操作如下：

指定起点宽度<0.0000>: (输入宽度值后按"Enter"键)。

指定端点宽度<0.0000>:

若起点宽度与端点宽度一致，则直接按"Enter"键使用尖括号里的当前值，否则直接指定宽度值。

指定下一个点或[圆弧(A)/半宽(H)/长度(L)/放弃(U)/宽度(W)]:

确定下一个点，直到点输入完毕后按"Enter"键，结束命令。

(6) 闭合(C)。将多段线封闭处理，若最后一次绘制的是直线段，则以直线段链接终点和起点形成封闭多段线；若最后一次绘制的是圆弧段，则以圆弧链接终点和起点形成封闭多段线。

(7) 圆弧(A)。绘制多段线中的圆弧，方法与绘制圆弧的方法类似。输入字母 "A"后按"Enter"键，执行该选项，命令窗口提示及操作如下：

指定圆弧的端点或[角度(A)/圆心(CE)/方向(D)/半宽(H)/直线(L)/半径(R)/第二个点(S)/放弃(U)/宽度(W)]:

• 指定圆弧的端点：通过指定圆弧的端点绘制与前一段相切的连接圆弧。可连续输入点，绘制多段线相切连接圆弧，按"Enter"键结束命令。

• 角度(A)：通过指定圆弧的包含角绘制圆弧。输入字母"A"后按"Enter"键执行该选项。

• 圆心(CE)：通过指定圆弧的圆心绘制圆弧。输入字母"CE"后按"Enter"键，执行该选项。

· 方向(D)：通过指定圆弧起点的切线方向绘制圆弧。输入字母"D"后按"Enter"键，执行该选项。

· 半宽(H)：绘制出具有一定宽度的圆弧，设置"半宽"后，系统返回绘制圆弧的命令，任选一种绘制圆弧的方法绘制圆弧。

· 直线(L)：输入字母"L"后，将从当前的"圆弧模式"切换到"直线模式"，开始绘制直线。

· 半径(R)：指定圆弧的半径绘制圆弧。

· 第一个点(S)：采用"三点法"绘制圆弧。

· 宽度(W)：绘制具有一定宽度的圆弧。设置"宽度"后，系统返回绘制圆弧的命令，任选一种方法绘制圆弧。

· 闭合(C)：将多段线封闭处理，若最后一次绘制的是直线段，则以直线连接终点和起点，形成封闭多段线；若最近一次绘制的是圆弧，则以圆弧连接终点和起点，形成封闭的多段线。

15.3.3 工作任务 1 完成过程

1. 完成过程

命令: _pline

指定起点: 1.281,72.595

指定下一个点或 [圆弧(A)/半宽(H)/长度(L)/放弃(U)/宽度(W)]: 36.325,44.935

指定下一点或 [圆弧(A)/闭合(C)/半宽(H)/长度(L)/放弃(U)/宽度(W)]: 93.894,42.505

指定下一点或 [圆弧(A)/闭合(C)/半宽(H)/长度(L)/放弃(U)/宽度(W)]: 135.246,61.405

指定下一点或 [圆弧(A)/闭合(C)/半宽(H)/长度(L)/放弃(U)/宽度(W)]: 181.193,114.324

指定下一点或 [圆弧(A)/闭合(C)/半宽(H)/长度(L)/放弃(U)/宽度(W)]: 214.857,118.376

指定下一点或 [圆弧(A)/闭合(C)/半宽(H)/长度(L)/放弃(U)/宽度(W)]: 195.402,157.247

指定下一点或 [圆弧(A)/闭合(C)/半宽(H)/长度(L)/放弃(U)/宽度(W)]: 100.287,131.333

指定下一点或 [圆弧(A)/闭合(C)/半宽(H)/长度(L)/放弃(U)/宽度(W)]: 92.937,87.712

指定下一点或 [圆弧(A)/闭合(C)/半宽(H)/长度(L)/放弃(U)/宽度(W)]: C

命令: Z

 [全部(A)/中心(C)/动态(D)/范围(E)/上一个(P)/比例(S)/窗口(W)/对象(O)] <实时>: e

命令: LIST

选择对象: 点选图形，弹出如图 15-5 所示的图形信息窗口。

2. 完成解读

(1) 多段线命令启动可以采用多种方式，可在命令行输入"pline"，或在工具栏点选，也可进行菜单选择，依个人的习惯选择。

(2) 图 15-1 没有线宽要求，所以当看到"当前线宽为 0.0000"提示信息时，不用理会，继续自己的操作。

(3) "指定下一点或 [圆弧(A)/闭合(C)/半宽(H)/长度(L)/放弃(U)/宽度(W)]: "可以键盘输入"C"，也可以直接用鼠标单击"闭合(C)"。

(4) 图 15-1 工作任务有严格的坐标限制，绘制的图形很可能不在屏幕显示的绘图区内，用"Z↙"、"E↙"可以将图形"找回来"，全屏显示在绘图区内。

(5) 绘图完成后，用"LIST"可查询图形所有参数，包括输入点坐标、面积与周长。

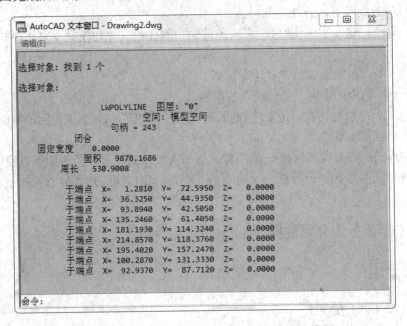

图 15-5 用"LIST"命令查询的图形信息文本窗口

15.3.4 工作任务 2 完成过程

1. 图 15-2(a)完成过程

命令: _pline

指定起点:屏幕点选拾取

当前线宽为 0.0000

指定下一个点或 [圆弧(A)/半宽(H)/长度(L)/放弃(U)/宽度(W)]: W

指定起点宽度 <0.0000>: 200

指定端点宽度 <200.0000>:200

指定下一个点或 [圆弧(A)/半宽(H)/长度(L)/放弃(U)/宽度(W)]: A

指定圆弧的端点或[角度(A)/圆心(CE)/方向(D)/半宽(H)/直线(L)/半径(R)/第二个点(S)/放弃(U)/宽度(W)]: A

　指定包含角: 300

　指定圆弧的端点或 [圆心(CE)/半径(R)]: R

　指定圆弧的半径: 500

　指定圆弧的弦方向 <0>:　<正交 开>

　指定圆弧的端点或[角度(A)/圆心(CE)/闭合(CL)/方向(D)/半宽(H)/直线(L)/半径(R)/第二个点(S)/放弃(U)/宽度(W)]:↙

　命令:

2. 图 15-2(b)完成过程

命令: _pline

指定起点:

当前线宽为 0.0000

指定下一个点或 [圆弧(A)/半宽(H)/长度(L)/放弃(U)/宽度(W)]: W

指定起点宽度 <0.0000>: 200

指定端点宽度 <200.0000>:↙

指定下一个点或 [圆弧(A)/半宽(H)/长度(L)/放弃(U)/宽度(W)]: L

指定直线的长度: 750

(上两步可以合并为一步, 在"指定下一个点或 [圆弧(A)/半宽(H)/长度(L)/放弃(U)/宽度(W)]:"后直接输入"@750,0"确认)

指定下一点或 [圆弧(A)/闭合(C)/半宽(H)/长度(L)/放弃(U)/宽度(W)]: W

指定起点宽度 <200.0000>: 500

指定端点宽度 <500.0000>: 0

指定下一点或 [圆弧(A)/闭合(C)/半宽(H)/长度(L)/放弃(U)/宽度(W)]: L

指定直线的长度: 750

(上两步可以合并为一步, 在"指定下一个点或 [圆弧(A)/半宽(H)/长度(L)/放弃(U)/宽度(W)]:"后直接输入"@750,0"确认)

指定下一点或 [圆弧(A)/闭合(C)/半宽(H)/长度(L)/放弃(U)/宽度(W)]:↙

命令:

15.4　多　　线

"多线"是由多条平行线组成的图形对象。使用多线命令可以一次绘制两条或多条有一定间距的平行直线,并且可以方便地编辑交叉点,较大地提高绘图效率,多用于绘制电气工程图中三相或三相五线制电路图、建筑墙体图、交通公路线图、铁路线图、水利渠道线图等平行线对象。

15.4.1　调用方式

(1) 命令: 输入"MLINE"命令。

(2) 菜单: 执行"绘图"→"多线"菜单命令。

注意:【绘图工具栏】中没有【多线】工具。

15.4.2　多线样式设置

多线绘制图形必须遵循"先设置,再绘图"的原则,即必须有多线,才能调用多线绘图。多线样式设置前要提前规划好,先看看多线需要的线型在"线型管理器"中是否已经存在,如果不全,则需要通过"加载"补全多线需要的线型,如"CENTER2"。具体操作步骤如下:

1. 打开"线型管理器"加载所需要的线型

打开"线型管理器"的方法有以下两种：

(1) 菜单：【格式(O)】—【线型(N)】，可调出如图 15-6 所示的"线型管理器"。

(2) 工具栏：【特性工具栏】—【线型控制】—【其他】，可调出如图 15-6 所示的"线型管理器"。

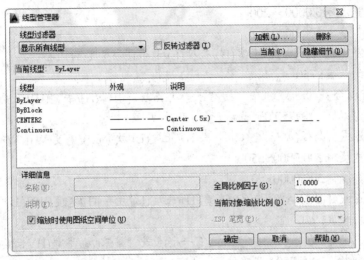

图 15-6　线型管理器(已加载了 CENTER2 线型，比例为 30)

2. 打开"多线样式"对话框设置多线样式

打开"多线样式"对话框设置多线样式的操作步骤如下：

(1) 菜单：【格式(O)】—【多线样式(M)】，可调出如图 15-7 所示的"多线样式"对话框。

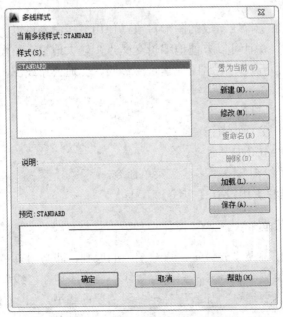

图 15-7　"多线样式"对话框(新建前)

(2) 点击【新建(N)】，进入如图 15-8 所示的多线名称创建对话框，填入多线名称。

图 15-8　多线名称创建对话框

(3) 点击【继续】，进入如图 15-9 所示的多线样式设置对话框，点击【图元(E)】列表中的已有线型，修改其"偏移"、"颜色"、"线型"等特性参数。如果【图元(E)】列表中已有线型不够，可通过【添加(A)】添加线型。工作任务 3(图 15-3)新建多线样式 240 墙如图 15-9 所示。

图 15-9　多线样式设置对话框

15.4.3　多线绘图操作过程

执行 MLINE 命令后，命令窗口提示及操作如下：

指定起点或[对正(J)/比例(S)/样式(ST)]：(确定起点)。

指定下一点：(确定下一点)。

指定下一点或[放弃(U)]：确定下一点。或者输入字母"U"后按"Enter"键，进行撤销处理。

指定下一点或[闭合(C)/放弃(U)]：确定下一点，或按"Enter"键结束命令，或输入"C"后按"Enter"键进行封闭处理，或输入"U"后按"Enter"键进行撤销处理。

提示中各选项的含义如下：

(1) 对正(J)：设置多线的对正类型，执行该选项后，系统命令窗口提示"输入对正类型[上(T)/无(Z)/下(B)]<上>："。对正类型是指从左向右绘制多线时光标的对齐方式，对齐方式主要有以下几种类型：

- 上(T)：从左向右绘制多线时，光标与最上面的直线对齐；从右向左绘制多线时，光标与最下面的直线对齐；从上往下绘制多线时，光标与最右面的直线对齐；从下往上绘制直线时，光标与最左面的直线对齐。
- 无(Z)：光标与多线的中间对齐。
- 下(B)：从左向右绘制多线时，光标与最下面的直线对齐；从右向左绘制多线时，光标与最上面的直线对齐；从上往下绘制多线时，光标与最左面的直线对齐；从下往上绘制直线时，光标与最右面的直线对齐。

(2) 比例(S)：设置多线中平行线间距的显示比例。默认状态下显示比例为"1"。

(3) 样式(ST)：选择多线的样式。执行该选项后，命令窗口给出"输入多线样式名或[?]："的提示信息，输入多线样式名称后按"Enter"键，返回上一提示，继续按照设置的样式进行多线的绘制。

15.4.4 工作任务 3 完成过程

1．提前加载多线所需要的线型

(1) 观察工作任务 3 的图 15-3，可以看出，图中需要的中心线在线型管理器中没有，需要加载。

(2) 通过菜单【格式(O)】—【线型(N)】(或【特性工具栏】—【线型控制】—【其他】)，打开如图 15-6 所示的线型管理器，加载"CENTER2"进入当前线型，用 CENTER2 绘制一个 9900×6600 的矩形，根据矩形 CENTER2 的可见显示性，反复调整 CENTER2 线型比例直至合适为止。

2．新建(设置)多线样式

(1) 通过菜单【格式(O)】—【多线样式(M)】，调出如图 15-7 所示的"多线样式"对话框。

(2) 点击【新建(N)】，进入如图 15-8 所示的多线名称创建对话框，填入多线名称"240 墙"。

(3) 点击【继续】，进入如图 15-9 所示的多线样式设置对话框，【图元(E)】列表中一般只有偏移量±0.5 Bylayer 两条线，依次点选将其修改成偏移量±120 的内外墙线。点击【添加(A)】—【添加(Y)】调出如图 15-10 所示的"选择线型"对话框，可以看见提前加载的 CENTER2 线型已经在列，点击【CENTER2】线型，再点击【确定】，CENTER2 就进入【图元(E)】列表中，修改其"颜色"为红色(保持 0 偏移量)。

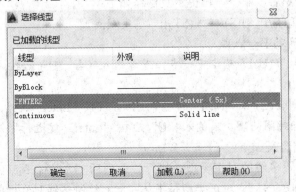

图 15-10　"选择线型"对话框

(4) 将新建的多线样式置为当前样式：多线样式创建完成后，点击图 15-9 右下方的【确定】按钮，退回到如图 15-11 所示的"多线样式"对话框，此时【置为当前(U)】按钮由图 15-7 所示的不可点选变为图 15-11 的可点选状态，点击【置为当前(U)】、【确定】按钮完成多线样式的创建。

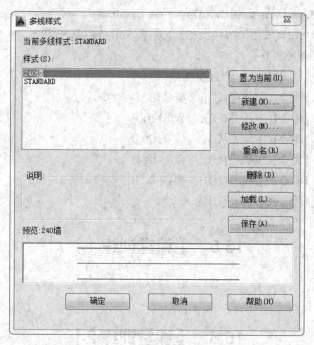

图 15-11 "多线样式"对话框(新建后)

3. 用创建的多线样式绘制图 15-3

(1) 点击菜单【绘图(D)】—【多线(U)】，启动多线绘制命令。

(2) 此时千万注意——不可直接绘制！要先观察左下角命令行提示的"当前设置"是否是我们需要的设置，显然如图 15-12 所示的"当前设置：对正=上，比例=20.00，样式=240墙"中，"对正=上，比例=20.00"不合适需要修改成"当前设置：对正=无，比例=1.00，样式=240 墙"。具体操作过程如下：

```
命令: mline
当前设置: 对正 = 上, 比例 = 20.00, 样式 = 240墙
MLINE 指定起点或 [对正(J) 比例(S) 样式(ST)]:
```

图 15-12 多线绘图"当前设置"命令行提示

当前设置：对正 = 上，比例 = 20.00，样式 = 240 墙
指定起点或 [对正(J)/比例(S)/样式(ST)]：　J
输入对正类型 [上(T)/无(Z)/下(B)] <上>：　Z
当前设置：对正 = 无，比例 = 20.00，样式 = 240 墙
指定起点或 [对正(J)/比例(S)/样式(ST)]：　S
输入多线比例 <20.00>：　1

当前设置: 对正 = 无，比例 = 1.00，样式 = 240墙

注意：设置绘图环境时，绘图界面下方命令行显示不止一行，至少要显示2行，才能随时观察到软件的提示信息，图15-12所示显示为3行。

(3) 继续完成图15-3的绘制。操作过程如下：

当前设置: 对正 = 无，比例 = 1.00，样式 = 240墙

指定起点或 [对正(J)/比例(S)/样式(ST)]:屏幕点击拾取第一点

指定下一点：@9900,0

指定下一点或 [放弃(U)]: @0,6600

指定下一点或 [闭合(C)/放弃(U)]: @-3300,0

指定下一点或 [闭合(C)/放弃(U)]: @0,1800

指定下一点或 [闭合(C)/放弃(U)]: @-3300,0

指定下一点或 [闭合(C)/放弃(U)]: @0,-1800

指定下一点或 [闭合(C)/放弃(U)]: @-3300,0

指定下一点或 [闭合(C)/放弃(U)]: c

15.5 【课堂训练1】

完成工作任务1、工作任务2。

15.6 【课堂训练2】

完成工作任务3。

15.7 【课外训练】

(1) 用多段线功能绘制图15-13所示图形。

65. 图15-13的完成过程

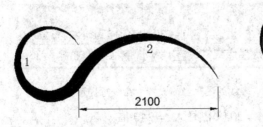

多段线宽度　200←—→0
1段：半径500，圆心角300
2段：弦长2100

图15-13　多段线课外练习

(2) 用多线功能绘制图 15-14 所示图形，图 15-14 多线图元见表 15-1。

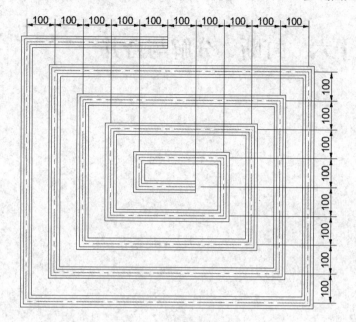

66. 图 15-14 的完成过程

图 15-14　多线课外练习

表 15-1　图 15-14 多线图元

偏移量	颜色	线型
20	Bylayer	Bylayer
10	Bylayer	Bylayer
0	红	Center2
−10	Bylayer	Bylayer
−20	Bylayer	Bylayer

项目十六 打断、分解与合并

 **学习要点**

- 打断图形
- 分解图形
- 合并图形

 技能目标

- 会使用打断命令修改图形
- 会将合并对象分解为部件对象
- 会合并图形

16.1 打 断

1．功能

在定点将对象分成两部分，或删除对象上指定点之间的部分。打断命令可为块或文字的插入创建空间，可打断的对象包括圆弧、圆、椭圆、椭圆弧、直线、多段线、射线、样条曲线、构造线等图形。

2．执行方式

(1) 命令行：输入"BREAK"。

(2) 菜单栏：依次点击【修改】→【打断】菜单命令。

(3) 工具栏：单击"修改"工具栏中的□(打断)按钮。

3．执行过程

执行打断命令，命令窗口提示及操作如下：

选择对象：选择要打断的对象，只能用直接拾取的方式选择一个对象

指定第二个打断点或 [第一点(F)]:

提示中各选项的含义如下：

(1) 指定第二个打断点：默认以上一步选择对象的选择点作为第一打断点，并提示确定第二个打断点。

(2) 第一点(F)：重新确定第一个打断点，输入"F"执行该选项，命令窗口提示：

指定第一个打断点：重新确定第一个打断点

指定第二个打断点：指定第二个打断点

执行打断命令时，若其中一个打断点不在选定的对象上，软件会自动选择离此点最近的对象上的一个端点作为打断点；若选取的两个打断点在同一个位置，则可将对象断开。

4．应用举例

【范例 1】 将图 16-1(a)所示矩形在边中点 A 和右端点 B 处打断，得到图 16-2(b)所示图形。

操作过程如下：

命令：BREAK↙

选择对象：单击矩形

指定第二个打断点或 [第一点(F)]：F↙

指定第一个打断点：点选 A 点

指定第二个打断点：点选 B 点

结果如图 16-1(b)所示。

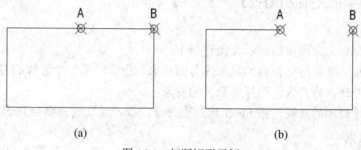

图 16-1　打断矩形示例

16.2 分　解

1．功能

将一个合并对象分解为若干个独立对象。

软件可同时分解多个合成对象，可将合成对象中的多个部件全部分解为独立对象。可分解的对象包括多段线、尺寸标注、图案填充、块等。多段线可分解为多个简单的线段和圆弧对象，尺寸标注可分解为尺寸线、文字、箭头和尺寸界线，填充图案可分解为单个对象(如点、线等)，块可以分解为组成块的单个对象。圆环也是一个多段线对象，分解后变为一个圆。

图形分解后得到的单个对象不再具有关联性，它们的属性可以修改。在分解过程中，被分解对象的颜色、线型和线宽等属性可能会改变。

2．执行方式

(1) 命令行：输入"EXPLODE"命令。

(2) 工具栏：单击"修改"工具栏中的 ▓ (分解)按钮。

(3) 菜单栏：依次点击【修改】→【分解】菜单命令。

3．执行过程

执行分解命令，命令窗口提示及操作如下：

选择对象：选择要分解的合成对象

选择对象：继续选择要分解的合成对象

16.3 合　并

1．功能

将首尾相接的对象合并，以形成一个整体对象。可以合并的对象包括直线、不封闭的多段线、圆弧、椭圆弧以及不封闭的样条曲线。

2．执行方式

(1) 命令行：输入"JION"命令。

(2) 工具栏：单击"修改"工具栏中的 ➹ (合并)按钮。

(3) 菜单栏：依次点击【修改】→【合并】菜单命令。

3．执行过程

执行合并命令，命令窗口提示及操作如下：

选择源对象：将要与之合并的对象称为源对象，操作时第一个选择的对象为源对象

选择要合并到源的直线：选择要合并的对象

选择要合并到源的直线：按 Enter 键结束命令，或者继续选择要合并的对象

4．合并原则

注意并不是所有相连接的对象都能合并，合并的原则如下：

(1) 若合并前各对象有不同的颜色、线型等属性，合并后统一变为源对象的属性。

(2) 若源对象为多段线画的直线，则该直线能与其他命令绘制的直线、圆弧合并，且合并后对象的线宽为源对象的线宽。

(3) 若源对象为多段线画的圆弧，则该圆弧能与其他命令绘制的直线、曲线合并，且合并后对象的线宽各不一样，仍为合并前各对象的线宽。

(4) 若源对象为直线，那么它只能与它延长线上的直线合并，如图 16-2 所示。

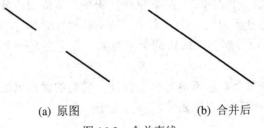

(a) 原图　　　　　　　　　　(b) 合并后

图 16-2　合并直线

5．应用举例

【范例 2】　如图 16-3(a)所示，直线、宽度为 5 的多段线、宽度为 5 的多段线圆弧和圆弧都是单独对象，利用合并命令将它们合成一个整体，完成结果如图 16-3(b)所示。

操作过程如下：

命令：JOIN✓

选择源对象：点击选择多段线直线

选择要合并到源的对象：依次点击选择直线、多段线圆弧、圆弧，按 Enter 键或点击鼠标右键确认

是否合并成功，可通过选中对象来查看。点选后对象如果成为一个整体，如图 16-3(c) 所示，说明合并成功；如果只能点选到一个对象，则说明合并不成功，需要重新合并。

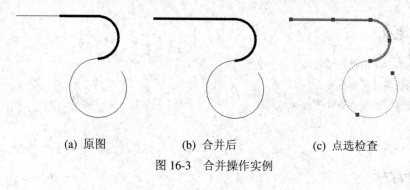

(a) 原图   (b) 合并后   (c) 点选检查

图 16-3 合并操作实例

16.4 【课 堂 训 练】

(1) 练习绘制图 16-1～图 16-3。

(2) 绘制图 16-4(a)所示的正五边形，然后用打断命令修改成图 16-4(b)所示图形。

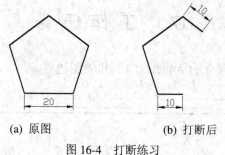

(a) 原图   (b) 打断后

图 16-4 打断练习

项目十七 图纸幅面、绘图边界和标题栏

学习要点

- 常用 A3、A4 图纸图幅的尺寸
- 机械制图各边所留宽度
- 使用偏移、复制命令快速绘制标题栏
- 书写文字

技能目标

- 能根据图形的大小合理选择图纸
- 快速准确地绘制标题栏
- 掌握标题栏中文字放置在正中间的方法
- 能将标题栏以块的形式存储并调用

17.1 工 作 任 务

(1) 绘制图 17-1 所示尺寸的 A4 图纸幅面和绘图边界。

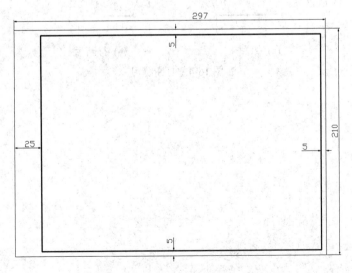

图 17-1 A4 横向图纸

(2) 绘制图 17-2 所示的标题栏。

图 17-2　通用标题栏

17.2　任务分析

分析图 17-1 所示的图框可知，绘制某一尺寸的图框之前，首先要清楚不同图纸的幅面尺寸和每边所留的剩余宽度。例如，横向 A4 图纸的幅面尺寸为 297 mm×210 mm，上、下、右三边空余宽度均为 5 mm，左边空余宽度为 25 mm，该图纸是留有装订边的格式。

分析 17-2 所示的标题栏可知，标题栏应该包含基本绘图信息，如图名、绘图人、审核人、绘图日期等。每张图纸都必须有标题栏，且其在工程制图中有严格的尺寸规定。在具体图纸中标题栏的尺寸不必标识出来。各矩形框内的文字应整齐，格式统一，大小适中，尽可能将文字放到矩形框的正中间，以达到更加完美的效果。

17.3　图纸幅面

机械制图要求 A0、A1、A2、A3、A4 图纸有装订线时，留给装订一边的空余宽度为25 mm，其他三条边的空余宽度为：A0、A1、A2 图纸为 10 mm；A3、A4 图纸为 5 mm。无装订边时各边的空余宽度为：A0、A1 图纸为 20 mm；A2、A3、A4 图纸为 10 mm。

在平时练习绘图时，为了方便可略微调整绘图边界的尺寸和标题栏尺寸。

图纸的格式分为留装订边和不留装订边两种，但同一产品的图样只能采用同一种格式，并且均应画出图框线和标题栏。图框线用粗实线绘制，一般情况下位于图纸右下角，也允许位于右上角或底边。标题栏中文字的书写方向为看图方向，每张图纸都必须有标题栏，标题栏的外边框为粗实线，其右边的底线与图纸边框重合，其余为细实线。

17.3.1　图纸幅面的设置和调用

下面介绍使用模板直接插入和自定义两种图纸幅面的设置和调用方法。

1. 使用模板直接插入

(1) 单击"绘图"工具栏中的 (插入块)按钮。

(2) 在弹出的"插入"对话框中单击"浏览"按钮,如图 17-3 所示,选择需要插入的模板(这种方法必须事先创建好块,并保存到相应的位置后才能使用)。

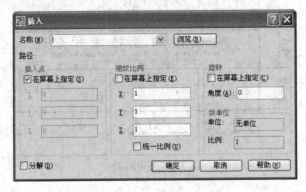

图 17-3 "插入"对话框

2．自定义

1) 绘制 A4 图纸的过程

(1) 绘制长、宽分别为 297 mm 和 210 mm 的矩形。

(2) 使用前面学过的偏移命令,将绘制的矩形向内偏移 5 mm。

(3) 单击"修改"工具栏中的 (分解)按钮,分解内部矩形。

(4) 单击"修改"工具栏中的 (偏移)按钮,将分解矩形的左端竖向边向内偏移 20 mm。

(5) 删除多余线条,修改内部线条宽度为 0.3 mm,效果如图 17-1 所示,为横向带有装订边的 A4 图纸。

2) 绘制 A3 图纸的过程

(1) 绘制长、宽分别为 420 mm 和 297 mm 的矩形。

(2) 使用前面学过的偏移命令,将绘制的矩形向内偏移 10 mm。

(3) 将偏移后矩形的线宽调整为 0.3 mm,效果如图 17-4 所示,为横向无装订边的 A3 图纸。

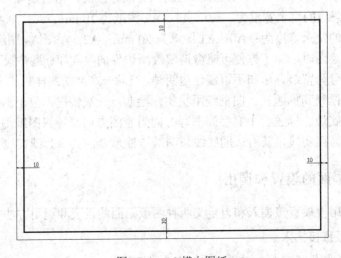

图 17-4 A3 横向图纸

17.3.2　图纸标题栏的设置和调用

下面介绍使用模板直接插入和自定义两种图纸标题栏的设置和调用方法。

第一种方法：使用模板直接插入。其操作步骤与图纸幅面的插入方法相同，该种方法的使用前提是必须存储相应的标题栏作为块。

第二种方法：自定义图纸标题栏。

绘制标题栏的步骤如下：

(1) 绘制长、宽分别为 120 mm 和 38 mm 的矩形。

(2) 利用分解命令，将所画矩形分解，使 4 条边相互独立。

(3) 将底边向上偏移 6 mm，将偏移得到的边向上再偏移 6 mm，同样的命令再执行 2 次。

(4) 将左端竖边向右先偏移 15 mm。

(5) 将偏移得到的边向右再偏移 25 mm。

(6) 将上一步偏移得到的边再向右偏移 20 mm。

(7) 修剪右下角 4 个矩形的相关线条。

(8) 得到如图 17-2 所示的标题栏，将标题栏线宽调整为 0.3 mm，并通过单击"绘图"工具栏中的 ⬚(创建块)按钮将其创建为块，以便以后随时调用。

(9) 单击"绘图"工具栏中的 ⬚(插入块)按钮，在弹出的"插入"对话框中单击"浏览"按钮，选择已定义的图块，并将其插入到图形中。

17.4　图纸幅面、绘图边界和标题栏整体效果

为了读者方便，图 17-5 标注了横向 A4 图纸的相关线条尺寸，在具体的某一幅图中，该尺寸标注均可省略。

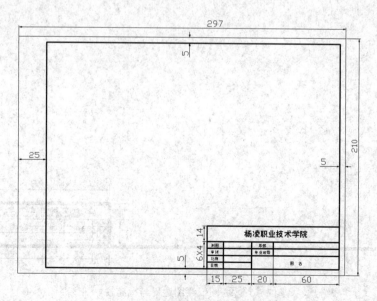

图 17-5　A4 图纸幅面、绘图边界和标题栏

读者须明白：我们是根据图形的大小来选择图纸的大小，而不是根据图纸的大小缩放图形。有时一张图纸上可能放置多个图形，这就要根据具体图形调整放置位置，确保绘图界面整洁。有些图形还有文字说明，所以还需留有书写相关文字的位置，一般书写在右下角。

✦✦✦✦ ◐♂ *温馨提示* ✦✦✦✦

如何才能在绘制好的标题栏内正确而工整地书写文字呢？

(1) 在书写文字时，建议优先选用单行文字，因为可以利用单行文字在修改时比较方便的特性，提高书写速度。

(2) 为了使书写的文字能放在矩形框的中间以提高图形的美观性，在写字前可以利用作对角线的方式找到矩形框的中点，将单行文字的起点位置指定为找到的矩形框中点。写好文字后，根据矩形框的大小适当调整字体的大小，然后选中书写的文字，单击"属性"对话框，选择文字放置位置为"正中"或"居中"即可。

(3) 在书写相同大小的矩形框内的文字时，可以巧妙地使用"复制"或者"阵列"命令功能，提高书写速度。

✦✦✦✦✦✦✦✦✦✦✦✦✦✦✦✦✦✦✦✦✦✦✦✦✦✦✦✦

17.5　【课堂训练】

(1) 严格按照图示尺寸绘制图 17-6 所示的图框和标题栏，并进行标注。

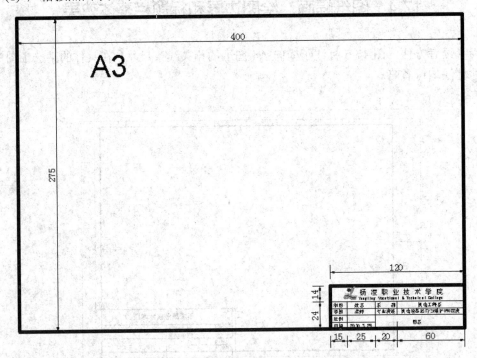

图 17-6　A3 图纸绘图边界与标题栏

(2) 严格按照图示尺寸绘制图 17-7 所示的图框和标题栏，并进行标注。

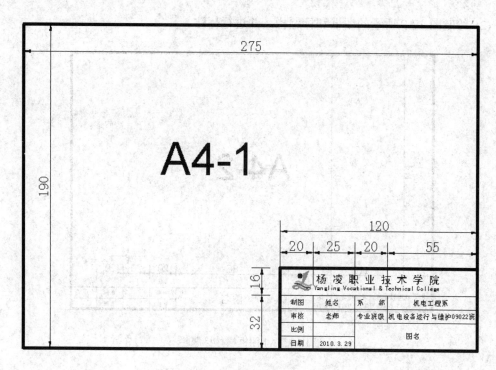

图 17-7　A4 图纸绘图边界与标题栏

17.6　【课 外 训 练】

(1) 绘制图 17-8 所示的图框和标题栏，并进行标注。

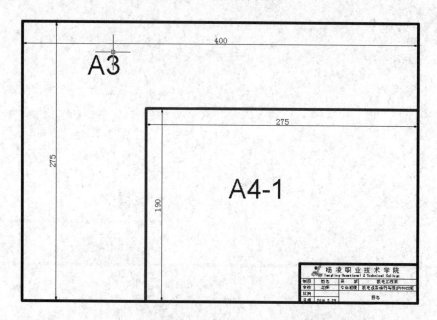

图 17-8　A4 与 A3 图纸标题栏与图框对比

(2) 绘制图 17-9 所示的图框和标题栏，并进行标注。

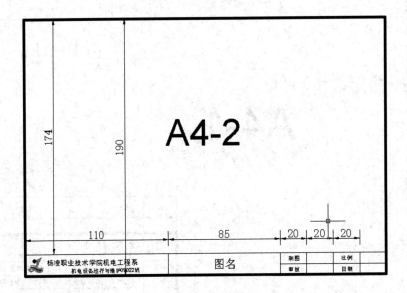

图 17-9　A4 图框横排标题栏

项目十八 图案填充

学习要点

- 图案填充命令执行方式
- 填充图案的设置
- 填充区域的确定
- 图案填充和渐变色对话框中各选项的含义
- 已学过绘图技能的综合应用

技能目标

- 会调用 AutoCAD 2014 填充图案的命令
- 会使用 AutoCAD 2014 提供的图案填充设置
- 深刻理解选择对象和拾取点的特点
- 会巧妙使用孤岛填充中的三种命令

18.1 工作任务

完成如图 18-1 和图 18-2 所示的图形。

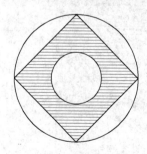

图 18-1　图案填充应用(1)

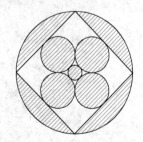

图 18-2　图案填充应用(2)

18.2 任务分析

分析图 18-1 可知，该图形是在大圆内接一个正方形，在正方形内再画一个小圆，并且在正方形内小圆外的区域填充斜线。本任务需要读者掌握填充区域的两种方法，即添加拾取点和添加拾取对象。

图 18-2 较为复杂，读者应掌握图形的基本画法，画正方形内的四个相接圆时，应作相应的辅助线。填充时了解孤岛填充的三种形式，即普通、外部、忽略。

18.3 图案填充的执行方式

图案填充的执行方式如下：

(1) 命令行：输入"BHATCH"或"HATCH"。

(2) 工具栏：单击"绘图"工具栏中的 (图案填充)命令按钮。

(3) 菜单栏：执行【绘图】→【图案填充】菜单命令。

18.4 图案填充的设置

执行图案填充命令后，会弹出如图 18-3 所示的"图案填充和渐变色"对话框，在该对话框中可对填充图案的各选项进行设置。

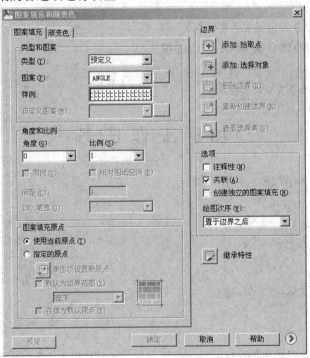

图 18-3 "图案填充和渐变色"对话框

1. "图案填充"选项卡

1) 类型和图案

"类型和图案"选项区用于设置填充图案，各子选项的具体含义如下：

● 类型：包括"预定义"、"用户定义"和"自定义"三种。

"预定义"类型填充图案是由 AutoCAD 系统提供的，包括 83 种填充图案(8 种 ANSI 图案，14 种 ISO 图案和 61 种其他预定义图案)。选择"预定义"选项后，用户可在"图案"下拉列表中选择预定义填充图案的名称，系统会在"样例"后显示出相应的图案；用户也可单击"图案"下拉列表框右侧的 按钮，弹出"填充图案选项板"对话框(见图 18-4)，查看所有"预定义"的预览图像，并进行填充图案的选择。

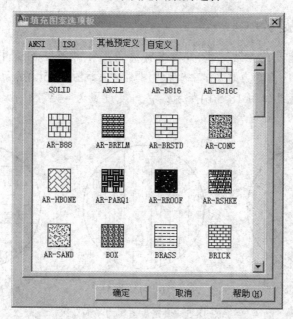

图 18-4 "填充图案选项板"对话框

选择"用户定义"类型后，用户可以通过"角度"和"比例"项的设定来创建直线填充图案。

选择"自定义"类型后，用户可使用自定义的图案进行填充。

● 样例：用于显示当前所使用填充图案的图案样式。单击"样例"框中的图案，会弹出"填充图案选项板"对话框。

● 自定义图案：该下拉列表框用于确定用户自定义的填充图案。只有当通过"类型"下拉列表框选用"自定义"填充图案类型进行填充时，该项才有效。用户不仅可通过下拉列表框选择自定义的填充图案，也可通过单击相应的按钮，从弹出的对话框中选择。

2) 角度和比例

"角度和比例"选项区可以设置用户定义类型的图案填充的角度和比例等参数，各子选项的具体含义如下：

● 角度：用户可以在"角度"下拉列表框内输入图案填充时图案要旋转的角度，也可以从下拉列表中进行选择。

● 比例：用于确定填充图案时的比例值，每种图案在定义时的初始比例为 1。用户可以根据需要改变填充图案填充时的图案比例。方法是在"比例"下拉列表框内输入比例值，或从相应的下拉列表中选择。"比例"决定了图案的疏密程度。填写的比例数值越大，填充的效果越稀疏；反之，比例数值越小，填充的效果越稠密。

- 双向：若选中该复选框，则可以使用互相垂直的两组平行线填充图案，否则为一组平行线。
- 相对图纸空间：该复选框用于设置比例因子是否为相对于图纸课件的比例。
- 间距：用于设置填充平行线之间的距离。
- ISO 笔宽：该下拉列表框用于设置笔的宽度。当填充图案采用 ISO 图案时，该选项框才可用。

✦✦✦✦✦ 🔑 *温馨提示* ✦✦✦✦✦

图案填充中所涉及的角度是指图案本身的角度，并不是图案中线条的角度。例如"ANSI31"图案，默认角度为 0°，填充后的图案效果如图 18-5(a)所示；将角度设置为 45°时，填充后的图案效果如图 18-5(b)所示；将角度设置为 −45° 时，填充后的图案效果如图 18-5(c)所示。

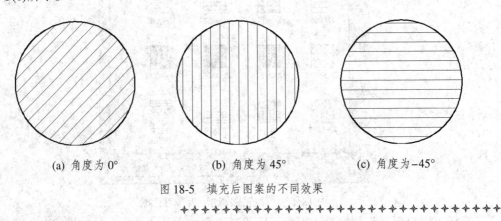

(a) 角度为 0°　　　　　　(b) 角度为 45°　　　　　　(c) 角度为 −45°

图 18-5　填充后图案的不同效果

✦✦✦✦✦✦✦✦✦✦✦✦✦✦✦✦✦✦✦✦✦✦✦✦✦✦✦✦✦✦

3) 图案填充原点

"图案填充原点"选项区用于设置图案填充原点的位置，各子选项的具体含义如下：

- 使用当前原点：若选中该选项，则可以使用当前的 UCS 的原点(0，0)作为图案填充的原点。
- 指定的原点：若选中该选项，则可以通过指定点作为图案填充原点。点击"单击以设置新原点"按钮，可以从绘图窗口中选择某一点作为图案填充原点；勾选"默认为边界范围"复选框，可以以填充边界的左下角、右下角、左上角、右上角和圆心作为图案填充原点；勾选"存储为默认原点"复选框，可以将指定的点存储为默认的图案填充原点。

在进行图案填充时经常会遇到图案填充不完整，或者图案没有位于被填充区域正中等情况，这时就需要重新设置填充图案的原点。在"图案填充原点"选项区内(见图 18-3)，选中"指定的原点"单选按钮，然后单击右下方的 ▦ 图标，以重新确定图案填充的原点。

4) 边界

"边界"选项区包括"添加：拾取点"、"添加：选择对象"等按钮，具体含义如下：

- 添加：拾取点：以拾取点的形式确定区域的边界。单击该按钮，AutoCAD 临时切换到绘图窗口，并在命令行出现如下提示：

拾取内部点或[选择对象(S)/删除边界(B)]:

用户可在此提示下选择构成图案填充的边界。同样，被选择的对象应能构成封闭的边界区域，否则达不到希望的效果。

● 删除边界：用于取消系统自动计算或用户指定的边界。

● 重新创建边界：用于重新创建图案填充的边界。

● 查看选择集：用于查看所选择的填充边界。单击该按钮，AutoCAD 临时切换到绘图窗口，将已选择的填充边界以虚线形式显示出来。

5）选项

在"选项"选项区中，若勾选"关联"，则填充的图案与填充的边界保持着关联关系，即图案填充后，对填充边界进行某些编辑操作时，AutoCAD 会根据边界的新位置重新生成新的图案；"创建独立的图案填充"复选框用于创建独立的图案填充；"绘图次序"下拉列表框用于指定图案填充的绘图顺序。

（1）关联。当"关联"复选框被勾选时，意味着此时的填充图案与被填充区域(由填充边界决定)是合在一起的，当被填充区域放大、缩小或发生变化时，内部的填充图案也会随着填充区域的变化而变化。否则，无论被填充区域如何变化，填充图案始终固定不变，如图 18-6 所示。

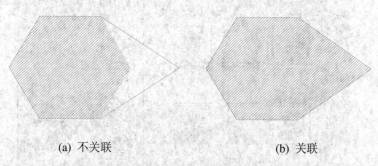

(a) 不关联　　　　　　　　　(b) 关联

图 18-6　填充图案与填充边界之间的关联关系

✦✦✦✦ 温馨提示 ✦✦✦✦

对一个具有关联性的填充图案进行移动、旋转、缩放和分解等操作时，该填充图案与原边界对象不再具有关联性；对其进行镜像、阵列等操作时，该填充图案本身仍具有关联性，而复制操作不具有关联性。填充图案是一个整体，可分解。

✦✦✦✦✦✦✦✦✦✦✦✦✦✦✦✦✦✦✦✦✦✦✦✦✦✦✦✦✦✦✦✦✦

（2）创建独立的图案填充。当绘图区中有多个独立的闭合边界需填充时，如果勾选"创建独立的图案填充"复选框，则意味着各闭合边界内的填充图案相互独立；如果不勾选该复选框，则意味着所有闭合边界内的填充图案是一个整体，选择任意一个将选中全部的填充图案。

6）"继承特性"按钮

"继承特性"按钮用于选定已有的填充图案作为当前填充图案。

点击"继承特性"按钮可以选择绘图区内已存在的填充图案，并将其填充到新的被选择填充区域内，类似 Word 中的格式刷功能，如图 18-7 所示。

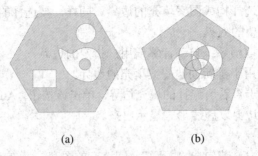

(a)   (b)

图 18-7   使用继承特性填充图形

2. "渐变色"选项卡

在"图案填充和渐变色"对话框中单击"渐变色"选项卡，其界面如图 18-8 所示。

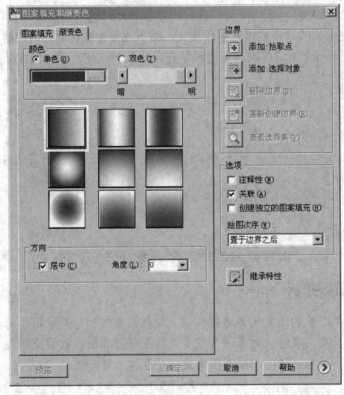

图 18-8   "渐变色"选项卡界面

在该选项卡内，用户可以用渐变色进行图案的填充。其中，"单色"和"双色"两个单选按钮用于确定是以一种颜色填充，还是以两种颜色填充。以一种颜色填充时，选中"单色"单选按钮，并可利用"双色"单选按钮下方的滑块调整所填充颜色的浓淡度；以两种颜色填充时，选中"双色"单选按钮，将显示"颜色 1"和"颜色 2"两个颜色条，用户可定义两种颜色。位于选项卡中间位置的 9 个图像按钮用于确定填充方式。

此外，还可以通过"角度"下拉列表框确定以简便方式填充时图案的旋转角度；通过"居中"复选框指定对称的渐变配置，如果没有勾选此复选框，则渐变填充朝左上方变化，创建出光源在对象左边的图案。

18.5　填充区域的确定

在"图案填充与渐变色"对话框的"渐变色"选项卡中，通过对"边界"选项区的相关选项进行设置，可确定待填充的区域。确定待填充区域有两种方法：① 单击"添加：拾取点"按钮；② 单击"添加：选择对象"按钮。

(1) 添加拾取点。单击"边界"选项区的 ▧(添加：拾取点)按钮，命令窗口中给出"拾取内部点或[选择对象(S)/删除边界(B)]："的提示，点击待填充区域内的任意位置，此时待填充区域的边界变成虚线。可同时选择多个待填充区域。选择完毕，单击鼠标右键，弹出如图 18-9 所示的快捷菜单，直接点击"确认"完成图案的填充；或单击"预览"，以观察图案填充的正确与否。当单击"预览"选项后，命令行给出"<预览填充图案>拾取或按 Esc 键返回到对话框或<单击右键接受图案填充>："的提示，若准确无误，则单击鼠标右键；否则点击绘图区的任意位置，返回到对话框重新进行设置。

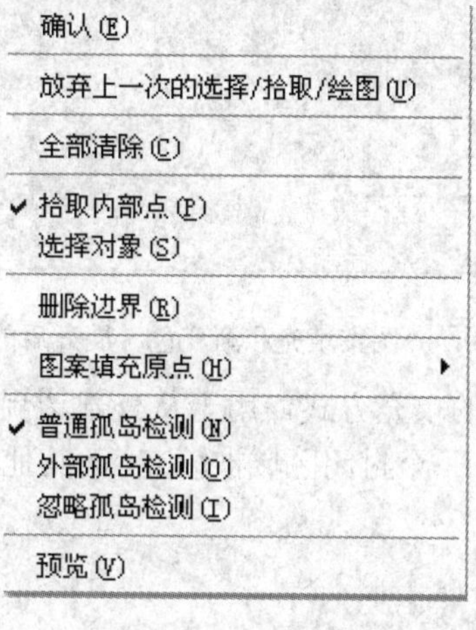

```
确认 (E)

放弃上一次的选择/拾取/绘图 (U)

全部清除 (C)

✓ 拾取内部点 (P)
  选择对象 (S)

删除边界 (R)

图案填充原点 (H)           ▶

✓ 普通孤岛检测 (N)
  外部孤岛检测 (O)
  忽略孤岛检测 (I)

预览 (V)
```

图 18-9　快捷菜单

注意：通过拾取点的方式确定填充区域时，要求边界必须是封闭的。

(2) 添加选择对象。单击"边界"选项区内的 ▧(添加：选择对象)按钮，命令窗口中给出"选择对象或[拾取内部点(K)/删除边界(B)]："的提示，逐一点击组成填充区域的各边界，选中的边界将变为虚线，若待填充区域已选择完毕，则单击鼠标右键，弹出如图 18-9 所示的快捷菜单，直接单击"确认"完成图案的填充。

注意：通过选择对象的方式确定填充区域时，边界可以不是封闭的。

18.6　"图案填充和渐变色"对话框中的其他选项

1. "孤岛"选项区

单击如图 18-3 所示的"图案填充和渐变色"对话框中右下角的 ⊙，展开对话框边界，如图 18-10 所示，可进行相应的设置。当填充区域内部存在一个或多个内部边界时，选择不同的孤岛检测样式将产生不同的填充效果。

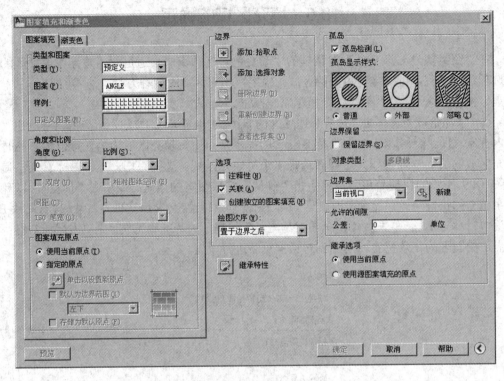

图 18-10　"图案填充和渐变色"展开后的对话框

(1) 普通。该样式为标准的填充方式，用于从外部边界开始向内交替填充，即从最外一层封闭区域开始，第 1, 3, 5, …个封闭区域被填充，而其他区域不进行填充，如图 18-11(a) 所示。

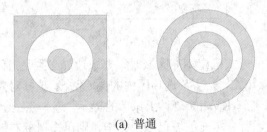

(a) 普通

(b) 外部　　　　　　　　　(c) 忽略

图 18-11　高级填充示例

(2) 外部。该样式用于填充最外一层的封闭区域，而其内部均不进行填充，如图 18-11(b) 所示。

(3) 忽略。该样式将忽略所有内部对象并让填充线穿过它们，如图 18-11(c)所示。

2. "边界保留"选项区

如果用户勾选了"保留边界"复选框，则在进行图案填充的同时将边界以多段线或面域的形式保存下来。"多段线"与"面域"的切换可通过"对象类型"下拉列表框来完成。

3. "边界集"选项区

边界集是指填充区域的一组边界对象，其默认状态是"当前视口"，表示以当前图形中所有显示的对象作为边界集，每个对象都可以被选作为填充边界。此外，系统还允许用户自定义图案填充边界集。单击"新建"按钮，在命令窗口提示"选择对象"的状态下选择对象，建立新的边界集。当以"添加：拾取点"方式指定的填充边界不是新建边界集中的对象时，AutoCAD 即弹出"边界定义错误"对话框。

4. "允许的间隙"选项区

将对象作为图案填充边界时所允许的最大间隙，默认值为"0.0000"，表明只有当对象是一闭合区域时才可作为图案填充的边界，否则系统将弹出如图 18-12 所示的"图案填充-边界未闭合"对话框。

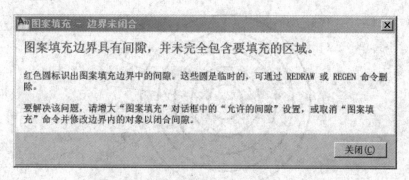

图 18-12　"图案填充-边界未闭合"对话框

5. "继承选项"选项区

(1) 使用当前原点。选中"使用当前原点"单选按钮，表示将当前的原点作为图案填充的原点。

(2) 使用源图案填充的原点。选中"使用源图案填充的原点"单选按钮，表示将源图案填充的原点作为图案填充的原点。

18.7　【课 堂 训 练】

(1) 绘制如图 18-1 和图 18-2 所示的图形并填充。

(2) 绘制如图 18-13 所示的图形并填充。

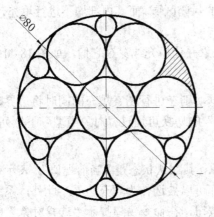

67. 图 18-13 的完成过程

图 18-13　填充应用图形

18.8　【课 外 训 练】

绘制如图 18-14 所示的图形。

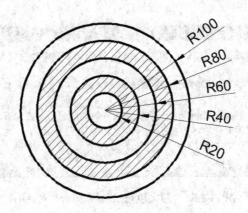

图 18-14　孤岛填充应用

项目十九 图 层 管 理

 学习要点

- 图层命令的执行方式
- 新图层的建立方法
- 图层参数设置
- 设置线宽原则
- 将图层设置为当前图层的方法
- 删除图层的方法
- 已学过绘图技能的综合应用

 技能目标

- 根据图形具体需要设置图层
- 高效地将所绘制图形放置到相应的图层里
- 能根据绘图的需要，进行锁定、冻结、关闭图层
- 知道图形窜层的解决方法

19.1 工 作 任 务

(1) 按照表 19-1 中的要求建立新图层，执行结果如图 19-1 所示。

表 19-1　图层设置要求

图 层 名	线 型	颜 色
粗实线	Continuous	白色
中心线	Center2	红色
虚线	Dashed	蓝色
标注线	Continuous	白色

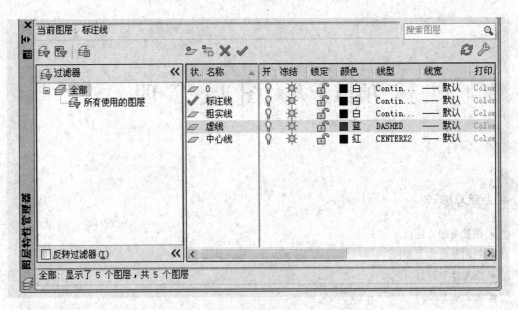

图 19-1 "图层管理器"中的图层设置

(2) 按照表 19-1 所示图层设置绘制图 19-2 所示图形。

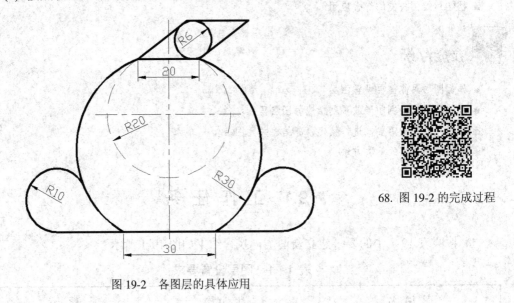

68. 图 19-2 的完成过程

图 19-2 各图层的具体应用

19.2 任 务 分 析

分析表 19-1 可知,建立图层需要具备的技能是打开图层特性对话框;新建图层;设置各图层的基本参数(名称、颜色、线型等)。

分析图 19-2 可知,绘制该图形需要的基本技能是圆的相切画法;菱形内画任意半径的圆的方法;两圆共用同一弦长的画法;标注的技巧;线型比例的设置;中心线的画法;线宽的设置原则;镜像功能的使用;不同线型放入不同图层的方法技巧。

19.3 图   层

图层相当于传统绘图时使用的图纸。一个图形可设置多个图层，相当于一叠透明的图纸重叠在一起。通过图层可控制图形中对象的线型、颜色、线宽等属性，绘图时将属性相同的对象分配在同一个图层。

创建新图形时，系统自动创建一个名为"0"的特殊图层。默认情况下，图层 0 将被指定使用白色(或黑色，由背景色决定)、Continuous 线型、"默认"线宽(宽度为 0.25 mm)以及 Normal 打印样式。图层 0 不能被删除，层名不能被更改，其他属性可重新设置。

19.3.1 图层特性管理器

图层特性管理器用于管理图层和图层属性。

执行命令方式如下：

(1) 命令行：输入命令"LAYER"或"LA"。

(2) 工具栏：单击"图层"工具栏中的 (图层特性管理器)按钮。

(3) 菜单栏：执行【格式】→【图层】菜单命令。

执行 LAYER 命令后，弹出"图层特性管理器"对话框，如图 19-3 所示。

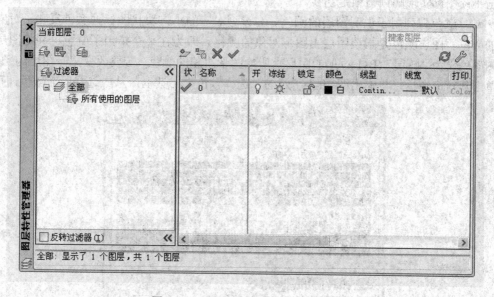

图 19-3 "图层特性管理器"对话框

该对话框由位于左侧的树状图区域、位于右侧的图层列表框以及其他工具按钮等组成，主要选项功能如下：

(1) (新建图层)按钮用于建立新图层，用户可以修改图层名。

(2) 选中某个图层(除 0 层)，单击 (删除图层)按钮，可以删除该图层。但要删除的图层必须是空图层，即图层上没有图形对象，否则系统将拒绝执行删除操作。

(3) 选中某个图层，单击 (置为当前)按钮，可以将该图层置为当前绘图图层。在当前图层的"状"列显示图标 ✓。

(4) 树状图区域用于显示图形中图层和过滤器的层次结构列表。单击顶层节点"全部"可显示出图形中所有图层。

(5) 图层列表框用于显示满足过滤条件的所有图层(包括新建图层)以及相关设置。图层列表框中第一行为标题行,标题行中各列的含义如下:

● "状"列用于显示图层的当前状态,即图层是否为当前图层(图标为 ✓)、空图层(图标颜色为浅灰色)或已使用过的图层(图标颜色为深灰色)。

● "名称"列用于显示各图层的名称。单击"名称"标题,可调整图层的排列顺序。

● "开"列用于说明图层是否处于打开或关闭状态。关闭的图层仍然是图形的一部分,但若关闭图层上的图形不显示,则不能通过输出设备打印到图纸。单击小灯泡图标实现图层打开与关闭之间的切换。用户可关闭当前图层。

● "冻结"列用于说明图层被冻结还是解冻。冻结图层上的图形对象不显示,不能输出并且不参与系统处理过程中的运算。在复杂图形中,冻结不需要的图层可以加快系统重新生成图形的速度。◯图标表示解冻, ⊛图标表示冻结,单击图标实现其切换。用户不能冻结当前图层,也不能将冻结图层设为当前层。

● "锁定"列用于说明图层被锁定还是解锁。被锁定图层上的对象只能显示,不能被编辑修改。可以锁定当前图层,用户仍能在当前图层上绘图,但绘制的图形不能被修改。单击小锁图标实现解锁与锁定切换。

● "颜色"列用于说明图层的颜色。与该列对应的小方块状图标的颜色反映了对应图层的颜色。图层颜色是指该图层上图形对象的颜色,即为在某个指定了颜色,并将图层的绘图颜色设为"随层"(ByLayer)的图层上所绘图形对象的颜色。若要改变某一图层的颜色,可单击其对应图标,将弹出图 19-4 所示的"选择颜色"对话框,从中选择所需颜色即可。

图 19-4　"选择颜色"对话框

● "线型"列说明图层的线型。图层的线型是指在该图层上绘图时对象的线型,即为在某个指定了线型，并将绘图线型设为"随层"的图层上所绘图形对象的线型。要改变某个图层的线型，可单击该图层的原线型名称，将弹出"选择线型"对话框。如果该对话框中没有列出所需要的线型，可单击"加载"按钮，会弹出"加载或重载线型"对话框，从中加载所需线型，然后进行选择即可，如图19-5所示。

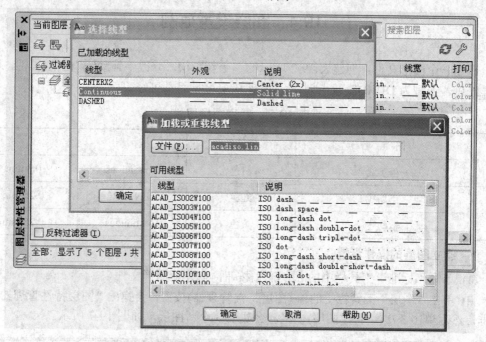

图19-5　"加载或重载线型"对话框

● "线宽"列说明图层的线宽(即图层对象的线宽)。若要改变某个图层的线宽，可单击该层上的原线宽，将会弹出"线宽"对话框，然后从中选择合适的设置即可。

19.3.2　"图层"工具栏

当在某一图层上绘图时，应首先将该图层设置为当前图层。用户可根据需要对图层进行关闭、冻结、锁定等操作。利用图19-6所示的"图层"工具栏，可方便地实现这些操作。

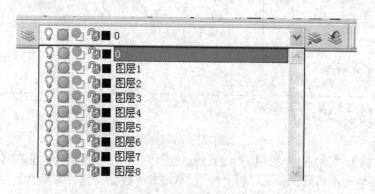

图19-6　"图层"工具栏

在"图层"工具栏中，▧(图层特性管理器)按钮用于打开图层特性管理器。

图层下拉列表中列出了当前已有的图层及图层状态。绘图时，在下拉列表中单击对应的图层名即可将该图层设为当前图层。还可以通过单击图层中相应图标将该图层设置为打开或关闭、冻结或解冻、锁定或解锁等状态。

19.4 图层设置范例

新建一个图形文件，创建表 19-2 所示的 3 个新图层。修改"辅助线"图层属性，颜色为洋红色，线型为 DIVIDE(双点划线)，并使该层可见而不可修改。

表 19-2 新建图层属性

	图 层 名	颜 色	线 型	线 宽
1	粗实线	白色	Continuous	0.3 mm
2	点划线	红色	CENTER2	0.25 mm
3	辅助线	黄色	Continuous	0.25 mm

1．建立图层的操作步骤

(1) 单击"标准"工具栏中的□(新建)按钮，创建新图形文件。

(2) 单击"图层"工具栏中的▧(图层特性管理器)按钮，会弹出"图层特性管理器"对话框，然后单击 3 次▧(新建图层)按钮，会建立 3 个新图层，如图 19-7 所示。

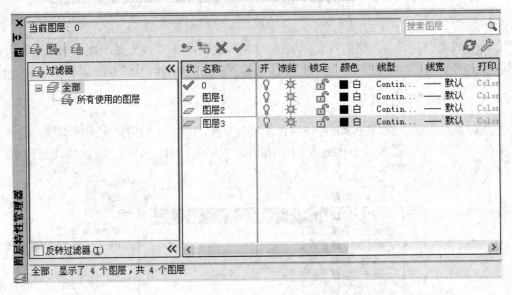

图 19-7 "图层管理器"中创建新图层

(3) 在名称为"图层 1"的图层上的任意位置单击，选中图层 1。单击其"名称"列，出现等待输入的光标符号，输入"粗实线"；单击其"线宽"列，弹出"线宽"对话框，从中选择"0.3 mm"线宽，单击"确定"按钮。

(4) 在名称为"图层 2"的图层上的任意位置单击，在其"图层 2"文字上单击，输入

"点划线"；在"颜色"列的小方块图标处单击，弹出图 19-4 所示的"选择颜色"对话框，从中选择"红色"，单击"确定"按钮；在"Continuous"处单击，弹出"选择线型"对话框，单击"加载"按钮，弹出"加载或重载线型"对话框，如图 19-5 所示，选择"CENTER2"(点画线)线型，单击"确定"按钮。

(5) 采用同样方法建立"辅助线"图层。

2．编辑图层属性的操作步骤

(1) 打开"图层特性管理器"对话框。

(2) 选中"辅助线"图层，单击"颜色"列的黄色小方块图标，在弹出的"选择颜色"对话框中选择洋红色，单击"确定"按钮。

(3) 单击该层"Continuous"图标，在弹出的"选择线型"对话框中单击"加载"按钮，在"加载或重载线型"对话框中选择"DIVIDE"线型，单击"确定"按钮，在返回的"选择线型"对话框中选择"DIVIDE"线型，单击"确定"按钮。

(4) 单击该层小锁图标，锁定"辅助线"图层，使图形对象可见但不可修改。

19.5 【课 堂 训 练】

(1) 绘制图 19-2 所示图形。要求合理设置图层，注意图层名称、颜色、线型、线宽的设置，合理布置中心线、尺寸标注线，以达到美化图形的效果。

(2) 绘制图 19-8 所示图形(绘制时应执行 NEW 命令建立新图形，并合理建立新图层)。绘制完成后，试分别将各图层设置成关闭(或打开)、冻结(或解冻)、锁定(或解锁)，查看设置效果。最后，记得命名并保存图形。

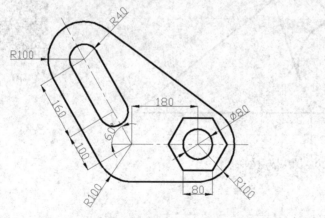

69. 图 19-8 的完成过程

图 19-8　图层设置综合练习

19.6 【课 外 训 练】

(1) 绘制图 19-9 所示图形(绘制时应执行 NEW 命令建立新图形，并合理建立新图层)。绘制完成后，试分别将各图层设置成关闭(或打开)、冻结(或解冻)、锁定(或解锁)，查看设置效果。最后，记得命名并保存图形。

63

图 19-9　图层应用练习(1)

70. 图 19-9 的绘图过程

(2) 绘制图 19-10 所示图形(绘制时应执行 NEW 命令建立新图形，并合理建立新图层)。绘制完成后，试分别将各图层设置成关闭(或打开)、冻结(或解冻)、锁定(或解锁)，查看设置效果。

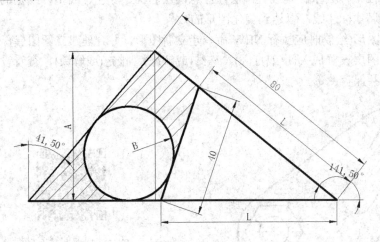

图 19-10　图层应用练习(2)

71. 图 19-10 的绘图过程

项目二十　面域与图形信息查询

 学习要点

- 面域的创建、面域的布尔运算
- 图形信息查询(距离查询、面积查询、面域中信息的查询、列表查询)

 技能目标

- 会创建面域
- 会通过面域的布尔运算得到新的图形
- 会查询距离、面积
- 会面域查询、列表查询
- 会根据查询需要选择合适的查询方式完成项目要求的工作任务

20.1　工 作 任 务

(1) 绘制图 20-1，并求出外围面积及填充部分的面积。

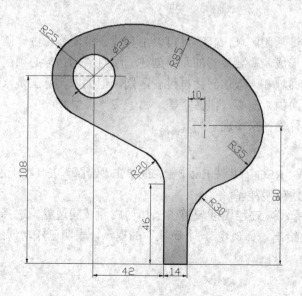

72. 图 20-1 的完成过程

图 20-1　绘图并求解填充部分的面积(1)

(2) 绘制图 20-2，并求出填充部分的面积及填充部分内部三个空洞的面积。

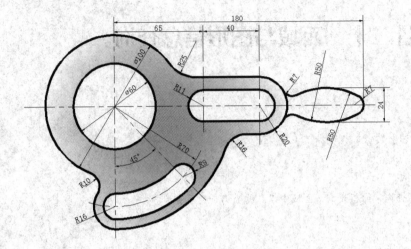

73. 图 20-2 的完成过程

图 20-2　绘图并求解填充部分的面积(2)

20.2　任务分析

两个工作任务的关键环节在于面域的创建和图形信息的查询，因此，本项目主要学习面域的创建和图形信息的查询。

20.3　面　　域

20.3.1　面域的创建

面域是指具有一定特性的二维封闭区域，其边界可以由直线、多段线、圆、圆弧、椭圆、椭圆弧或者样条曲线等对象形成。需要注意的是，创建面域对象的边界必须闭合，否则无法创建面域。从外观上看，面域和一般的封闭框没有区别，但面域实际上是一个区域的面，具有面的一些属性，例如面积、质心、惯性矩等，属于实体模型。

面域的创建可以通过下面两种途径来实现。

1. 使用面域命令

(1) 输入命令"REGION"(或"REG")并按 Enter 键，或单击"绘图"工具栏上的 (面域)按钮，或执行【绘图】→【面域】菜单命令。

(2) 命令窗口提示"选择对象："，在绘图区域单击选择构成面域的边界。选择完毕后按 Enter 键确认，此时命令行中给出"已创建 1 个面域"的提示，表明已成功创建 1 个面域。

2. 使用边界命令

(1) 执行【绘图】→【边界】菜单命令，将弹出如图 20-3 所示的"边界创建"对话框。

图 20-3　"边界创建"对话框

(2) 在"边界保留"选项区的"对象类型"下拉列表中选择"面域"选项。

(3) 单击对话框左上角🔲(拾取点)图标按钮，命令窗口中给出"拾取内部点："的提示，在绘图区封闭边界内单击选择构成面域的边界。选择完毕后按 Enter 键确认，此时命令窗口中给出"已创建 1 个面域"的提示，表明已成功创建 1 个面域。

创建面域对绘图的规范性和精度要求极高，如果待创建图形不闭合或者闭合了但存在接头交叉，都无法完成面域的创建。所以，在创建面域时，如果出现无法创建的情况，就要认真检查所绘制的图形。

20.3.2　面域的布尔运算

面域作为实体模型，可进行布尔运算，即两个或两个以上的面域可以进行并集、差集以及交集运算。可通过执行【修改】→【实体编辑】→【并集】、【差集】或【交集】菜单命令，执行相应的操作。

1. 并集

执行并集命令可以将两个或两个以上面域合并成一个单独的面域，如图 20-4 所示。

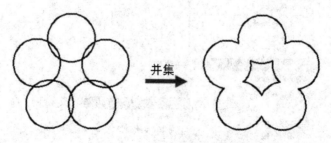

并集

图 20-4　5 个圆面域的并集

2. 差集

执行差集命令可以从选定面域 1 中减去与面域 2 相交的部分，如图 20-5 所示。

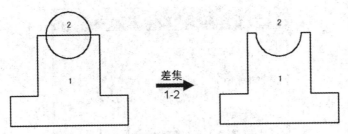

图 20-5　两个面域的差集

3. 交集

执行交集命令可以将两个或两个以上面域重叠的部分保留下来，如图 20-6 所示。

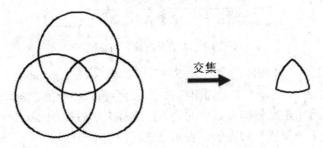

图 20-6　面域的交集

20.4　图形信息查询

在 AutoCAD 中，可以通过执行【工具】→【查询】菜单命令来查询所需要的图形信息，如图 20-7 所示。

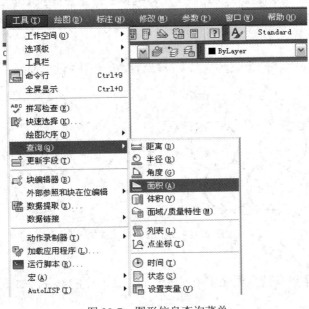

图 20-7　图形信息查询菜单

1．距离查询

距离查询用于查询图中两点之间的距离。依次点击【工具】→【查询】→【距离】菜单命令，或在命令行输入"DIST"命令并回车，按照命令行的提示依次"指定第一点"、"指定第二个点"，就可在命令窗口显示两点之间的距离等信息，如图 20-8 所示。

```
命令: dist
指定第一点:
指定第二个点或 [多个点(M)]:
距离 = 848.1496, XY 平面中的倾角 = 23,    与 XY 平面的夹角 = 0
X 增量 = 778.8843,   Y 增量 = 335.7038,    Z 增量 = 0.0000

命令:
```

图 20-8　距离查询时命令窗口显示的信息

2．面积查询

面积查询用于查询圆、矩形、正多边形、多段线绘制的闭合区域、面域的面积。依次点击【工具】→【查询】→【面积】菜单命令，或在命令行输入"AREA"命令并回车，按照命令行"选择对象"提示点选待查询面积的对象，按 Enter 键即可在命令窗口显示面积及相关数据。

3．查询面域中的信息

依次点击【工具】→【查询】→【面域/质量特性】菜单命令，可查询面域模型的诸多信息，如图 20-9 所示。

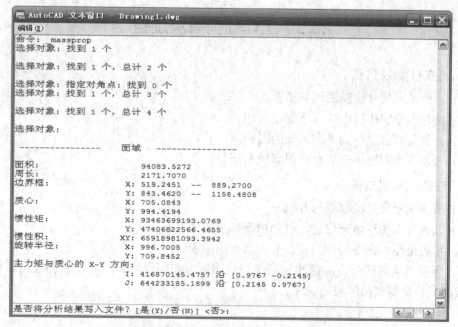

图 20-9　面域模型查询信息显示文本窗口

4．列表查询

依次点击【工具】→【查询】→【列表】菜单命令，或在命令行输入"LIST"命令并回车，点选查询对象，可将对象的诸多信息列表显示出来，如图20-10所示。

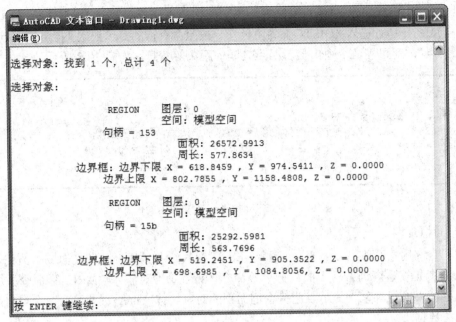

图 20-10　列表查询信息显示文本窗口

列表查询命令"LIST"前面已经学习过，这里要特别强调的是"LIST"还有一个优点——查询图形填充。

20.5　工作任务解决过程

1．任务(1)解决过程

(1) 按照图示尺寸绘制图形并填充。

(2) 将外围轮廓线包围的区域创建为面域。

(3) 查询面域信息得到外围区域的面积。

(4) 列表查询图形填充信息，得到填充部分的面积。

2．任务(2)解决过程

(1) 按照图示尺寸绘制图形并填充。

(2) 列表查询图形填充信息，得到填充部分的面积。

(3) 用查询面积命令得到填充部分内部圆的面积。

(4) 分别将填充部分内部两线段两半圆包围区域和四段圆弧组成区域创建为面域，并用查询面域信息得到两区域的面积。

20.6　【课 堂 训 练】

完成本项目工作任务。

20.7 【课 外 训 练】

绘制如图 20-11 所示的图形，并求出填充部分的面积及填充部分内部两个空洞的面积。

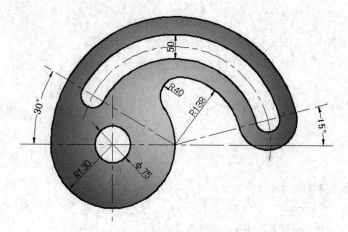

图 20-11 图形信息查询练习

74. 图 20-11 的完成过程

项目二十一 块 操 作

学习要点

- 创建块
- 插入块
- 定义块的属性(定义属性、创建属性块、插入属性块、修改属性块)

技能目标

- 树立对图形中重复出现的图形单元进行块操作的意识
- 会创建块和插入块
- 会定义块的属性,会创建属性块,会插入属性块,会修改属性块
- 能利用块操作高效率地完成本项目工作任务

21.1 工 作 任 务

绘制如图 21-1 所示的两种常见电机控制主回路图。要求先绘制低压断路器(QF)、交流

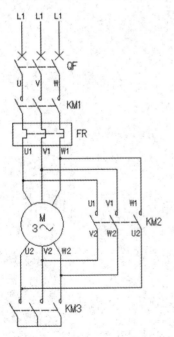

(a) 电机星—三角启动主回路图

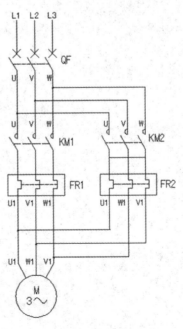

(b) 电机正反转主回路图

图 21-1 两种常见电机控制主回路图

75. 图 21-1 的完成
  过程(1. 创建图块)

76. 图 21-1 的完成
  过程(2. 应用图块)

接触器(KM)、热继电器(FR)、三相异步电动机(M3～)等常用电气设备的图形与文字符号，然后"组装"成两种控制主回路图。

21.2 任务分析

任务中反复出现低压断路器(QF)、交流接触器(KM)、热继电器(FR)、三相异步电动机(M3～)等电气设备的图形与文字符号，可以先将这些经常使用的图形与文字符号一次绘制好，然后组装成图，这样会大大提高绘图效率。就像组装汽车，先组装好发动机、变速器、车辆底盘、车体、车门等总成，然后再组装成汽车，这些由无数零部件组装而成的总成就类似于图块。

AutoCAD 刚好提供了这样的功能。图样中经常会出现重复内容，例如图框、标题栏、符号、标准件等，为减少重复绘图的工作量，用户可以先画好一个，并定义成块，需要时插入块即可，就像复制、粘贴一样。块是由单个或若干个对象组成的集合，组成块的对象可以是文本或图形，也可以是既有图形又有文本。可以对插入图形中的块进行缩放、移动和旋转等操作，也可以将块分解，然后对块的组成对象进行编辑。本项目通过实例来介绍如何创建块、插入块、定义块的属性。

21.3 块操作

21.3.1 创建块

创建块即定义块，首先要绘制出块的全部内容。

1. 绘制块的内容

用已经学习掌握的绘图技能可以轻松绘制出图 21-1 中各个常用电气设备的图形与文字符号，如图 21-2 所示。

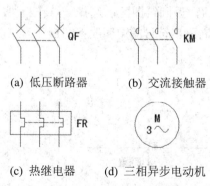

(a) 低压断路器　　(b) 交流接触器

(c) 热继电器　　(d) 三相异步电动机

图 21-2　基本电气设备的图形与文字符号

2. 创建块

各个"部件"绘制好后，每个部件是由多个图形基本元素组成的，使用很不方便，若要反复使用，就得把每个部件先"组装"成一个整体，也就是要将每个电气设备的图形与文字符号创建成一个图块。

【范例1】 将图21-2(a)所示低压断路器创建为块。

执行创建块命令的方式如下：

(1) 命令行：输入命令"BLOCK"或"B"。

(2) 菜单栏：依次点击【绘图】→【块】→【创建】菜单命令。

(3) 工具栏：单击"绘图"工具栏中的 ⌘(创建块)按钮。

执行创建块命令后，系统将弹出"块定义"对话框，如图21-3所示。

图21-3　"块定义"对话框

将图21-2(a)所示的低压断路器创建为块的操作过程如下：

(1) 在"名称"文本框中输入块的名称，可以是文字、数字、字母等。此例输入"低压断路器"。

(2) 单击"拾取点"按钮，返回绘图区，选择一点作为块的基点。块的基点是块插入时的基准点。此例捕捉低压断路器符号的中间线下端点作为块的基点，如图21-4所示。

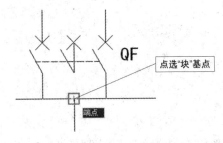

图21-4　点选"块"基点

注意：在图形上点选特征点时，绘图十字光标如果与图形水平线或垂直线重合，则水平线或垂直线因被十字光标"遮住"而不显示，利用这个特点可以对齐图形。基点确定后，十字光标拾取的基点当前坐标自动显示在"拾取点"按钮下方的X、Y、Z坐标文本框中。

图 21-5 即为选择基点后的"拾取点"选项区坐标。

(3) 单击"选择对象"按钮，在绘图区用交叉选择窗口选择块的内容，此处选择低压断路器的图文符号，并按 Enter 键(或单击鼠标右键)，返回"块定义"对话框。

图 21-5　点选"块"基点后的"拾取点"选项区坐标

(4) 单击"确定"按钮，就将低压断路器图文符号定义为块了。

"块定义"对话框中其他主要选项的功能如下：

(1) "对象"选项区：选中"保留"单选按钮，表示创建块后保留原图形；选中"删除"单选按钮，表示创建块后删除原图形；选中"转换为块"单选按钮，表示保留并将原图形转换为块。

如果勾选"基点"或"对象"选项区的"在屏幕上指定"复选框，则在单击"确定"按钮关闭"块定义"对话框后，命令窗口会提示"指定基点"或"选择对象"。

(2) "方式"选项区："注释性"用于设置块是否为注释对象；"按统一比例缩放"指插入块时是沿 X、Y 方向缩放比例一致，还是允许沿 X、Y 方向采用不同的缩放比例；"允许分解"选项用于设置插入的块是否允许分解成各个基本对象。如图 21-4 所示的块，就需要允许分解，因为图中有 3 个低压断路器就需要插入 3 个块，在分解后修改文字符号 QF 分别为 QF1、QF2、QF3。

(3) "设置"选项区："块单位"用于设置块参照的插入单位，选择"毫米"。

(4) "说明"文本框：用于输入块的描述性文字。

是否成功创建块可通过点选创建后的块图形验证，如果通过点击能全部选中，则说明块创建成功。

3. 创建块文件

用 BLOCK 命令创建的块只能在当前的图形文件中使用，而不能被 AutoCAD 的其他图形文件调用。WBLOCK 命令可以将用 BLOCK 命令创建的块以图形文件的形式保存，方便其他图形文件调用。下面将"低压断路器"块转化为块文件。

(1) 在命令行中输入"WBLOCK"或者"W"并按 Enter 键，弹出如图 21-6 所示的"写块"对话框(1)。

(2) 在"源"选项区中选中"块"单选按钮，然后在其右边的下拉列表中选择"低压断路器"选项。

(3) 单击"目标"选项区中的"文件名和路径"下拉列表，确定图形文件的名称和保存路径。此例图形文件的名称为"低压断路器"，保存路径为"D:\我的文档\My Documents\低压断路器.dwg"，如图 21-7 所示。

(4) 单击"确定"按钮，完成块文件的保存。

也可以利用 WBLOCK 命令直接创建块，并以图形文件形式保存。方法如下：在"写块"对话框中选中"整个图形"单选按钮，以当前的整个图形为块内容来创建图形文件；或者选中"对象"单选按钮，从当前图形中指定对象作为块内容来创建图形文件。"基点"、"对象"选项的含义与定义块时的相同。

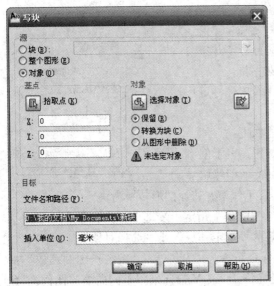
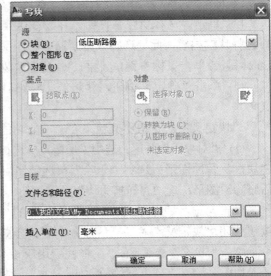

图 21-6　"写块"对话框(1)　　　　　　图 21-7　"写块"对话框(2)

21.3.2　插入块

创建了块或块文件后，就可以在图形中使用块或块文件了。

执行插入块命令的方式如下：

(1) 命令行：输入命令"INSERT"或"I"。

(2) 菜单栏：执行【插入】→【块】菜单命令。

(3) 工具栏：单击"绘图"工具栏的 🔂 (插入块)按钮。

执行插入块命令后，系统将弹出"插入"对话框，如图 21-8 所示。

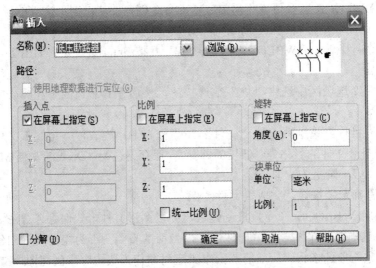

图 21-8　块"插入"对话框

在"名称"下拉列表中选择"低压断路器"块，分别勾选"插入点"和"旋转"选项区中的"在屏幕上指定"复选框，单击"确定"按钮，返回到绘图区，点选如图 21-9 所示的点 A 作为插入点，即可将"低压断路器"块插入到点"A"处，和交流接触器"装配"到一起。

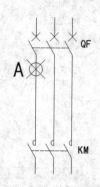

图 21-9　插入块

"插入"对话框中其他选项的功能如下：

(1) "插入点"用于指定块的插入点的位置。

(2) "比例"用于设置块的缩放比例。可在绘图区域用鼠标指定比例大小，也可用键盘输入 X 轴、Y 轴、Z 轴方向的比例。当"统一比例"复选框被勾选后，各轴将统一使用 X 轴方向的比例。

(3) "旋转"用于设置是否旋转插入块以及旋转角度。可以使用鼠标在绘图区域指定旋转方向，也可以在命令行中输入旋转角度。

(4) 勾选"分解"复选框，则会将插入的块分解成单独对象(即合成块前的各个独立对象)；若不勾选该复选框，则插入的块是一个整体对象。

使用 INSERT 命令，用户可以将任意一个 AutoCAD 图形文件插入到当前图形中。但把某一个图形文件以块的形式插入到其他图形文件中时，默认的插入基点是坐标原点；插入 WBLOCK 创建的块图形时，插入基点是用户创建块时定义的基点。使用 BASE 命令可以改变图形文件的插入基点。

BASE 命令可以通过以下两种方法执行：执行【绘图】→【块】→【基点】菜单命令，或在命令行中输入"BASE"并按 Enter 键。

21.3.3　定义块的属性

块的属性从属于块的文字信息，是块的组成部分。块可以带属性，也可以不带属性(如 21.3.1 节所述方法创建的块)。创建带属性的块之前，首先要定义块的属性，然后再创建块。

【范例2】　对交流接触器的图形与文字符号进行块属性定义、创建块、插入块操作。

1. 定义属性

执行【绘图】→【块】→【定义属性】菜单命令，或输入命令"ATTDEF"并按 Enter 键，弹出"属性定义"对话框，如图 21-10 所示。

图 21-10 块的"属性定义"对话框

"属性定义"对话框中常用选项的功能如下：

(1) "模式"选项区中：

"不可见"用于设置插入的块是否显示属性值；

"固定"用于设置属性是否为固定值，如果勾选此复选框，插入块后其属性值则不能再更改；

"验证"用于设置插入块时是否校验其属性值，如果勾选此复选框，插入块时输入属性值后，AutoCAD 会提示用户校验所输入的属性值是否正确；

"预设"用于确定当插入有预设属性值的块时，是否将属性值设置为默认值；

"锁定位置"复选框用于是否锁定属性在块中的位置，如果没有锁定，插入块后则可利用夹点功能改变属性的位置。

(2) "属性"选项区中：

"标记"用于确定属性的标记(用户必须指定标记)；

"提示"用于确定插入块时提示用户输入属性值的提示信息；

"默认"用于设置属性的默认值。

(3) "插入点"选项区：用于确定属性值的插入点。指定插入点后，AutoCAD 将以该点为参考点，按照"文字设置"选项区中"对正"选项确定的文字对齐方式放置属性值。可以直接输入插入点的 X、Y、Z 坐标值，也可勾选"在屏幕上指定"复选框，通过绘图区域指定插入点。

(4) "文字设置"选项区：用于确定属性文字的格式。

"对正"用于确定属性文字的排列方式；

"文字样式"用于确定属性文字的样式，从相应的下拉列表框进行选择即可；

"文字高度"用于指定属性文字的高度，可以直接在对应的文本框中输入高度值，或单击其右侧的按钮在绘图区域指定；

"旋转"指定属性文字行的旋转角度，可以直接在对应的文本框中输入角度值，或单击其右侧的按钮在绘图区域指定。

(5) "在上一个属性定义下对齐"复选框：当定义多个属性时，若勾选该项，则表示当前属性将采用前一个属性的文字样式、字高及旋转角度，并另起一行按上一个属性的对正方式排列。

在定义交流接触器(KM)为块时，考虑到电气回路中会使用多个交流接触器，因此在插入交流接触器时，需要修改交流接触器的文字符号"KM"为 KM1、KM2、KM3 等。这就需要在创建交流接触器块之前，先对"KM"文字进行属性定义。

在"属性定义"对话框中输入图 21-11 所示的内容，单击"确定"按钮，将其切换到绘图状态，用鼠标选取插入文字的基点，完成属性的定义，得到如图 21-12(b)所示的图形。注意"KM 编号"文字标记已经自动添加到插入点位置。

图 21-11　交流接触器块"属性定义"界面

2. 创建带属性的块

创建带属性的块的命令与创建不带属性的块的命令相同，都是 BLOCK 或 WBLOCK。执行命令过程中，"块定义"对话框中名称填写"交流接触器"，选择对象时一定要把代表属性的文字(即"KM 编号")选择在内。带属性的块的创建结果如图 21-12(c)所示。注意创建带属性的块后，"标记"的"值"自动变为图 21-12 中指定的"KM"。

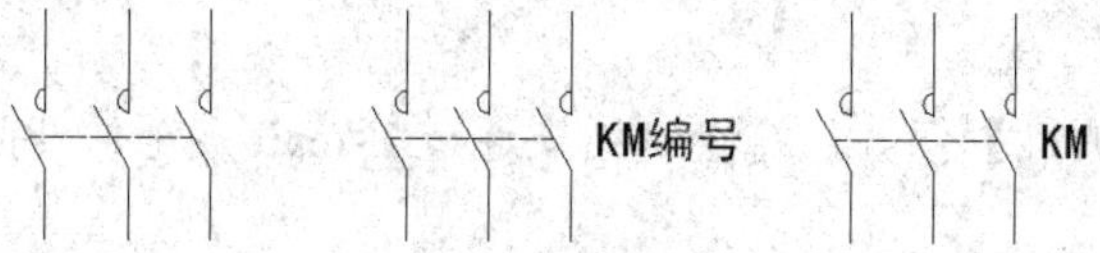

(a) 属性定义前　(b) 属性定义后　(c) 创建块后

图 21-12　交流接触器块"属性定义"结果

3. 插入带属性的块

AutoCAD 2014 中，插入带属性的块的命令和操作过程与插入不带属性的块的命令基本相同，都是 INSERT。

不同之处是，插入带属性的块时命令行有修改属性的提示。如将上一步所创建的带有"KM 编号"块属性文字的"交流接触器"块插入图形时，命令行提示为"修改 KM 编号<KM>"，此时输入相应编号如"KM1"并确认后，插入块的文字符号即相应变为"KM1"。

4．修改带属性的块

如果在插入带属性的块的过程中，遇到命令行提示"修改 KM 编号<KM>"时不进行修改而直接按回车键，则结果如图 21-12(c)所示，文字标记还是"KM"，可通过修改带属性的块改变属性"值"。

双击属性块，可弹出如图 21-13 所示的"增强属性编辑器"对话框。在该对话框中，修改"值""KM"为"KM1"(或"KM2"或"KM3")，点击"确定"按钮返回绘图界面，此时属性块中"KM"即变为"KM1"(或"KM2"或"KM3")。

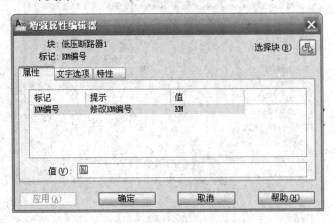

图 21-13　修改带属性的块时的"增强属性编辑器"对话框

21.4　【课 堂 训 练】

(1) 完成如图 21-2 所示图形的绘制，并创建为属性块。
(2) 利用块操作技能完成本项目工作任务。

21.5　【课 外 训 练】

再次完成【课堂训练】任务，将绘制结果通过 E-mail 发至作业邮箱。

项目二十二　夹点编辑图形

学习要点

- 使用夹点拉伸编辑图形
- 使用夹点移动、旋转、缩放、镜像、复制编辑图形
- 夹点参数设置方法

技能目标

- 熟练使用夹点拉伸功能编辑图形，提高绘图效率
- 会使用夹点移动、旋转、缩放、镜像等功能编辑图形
- 会进行夹点参数的必要设置

22.1　工 作 任 务

77. 图 22-1、22-4 的完成过程

(1) 将图 22-1(a)分别快速修改成图 22-1(b)和图 22-1(c)。

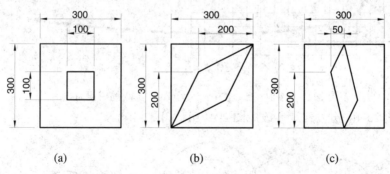

图 22-1　夹点编辑图形工作任务 1

(2) 某水库水位库容关系如表 22-1 所示，在绘制如图 22-2 所示的水库水位与库容的关系曲线输入坐标时，由于错将(16.5，120)输入成(165，120)，造成结果如图 22-3 所示的错误，请在不重新输入所有数据、仅仅更正一个错误点数据的前提下，快速修改图形。

表 22-1　某水库水位-库容关系

水位/m	100	105	110	115	120	125	130	135	140	145	150
库容/[(m³/s)月]	3.0	5.0	7.7	11.6	16.5	22.3	29.5	38.0	48.5	60.0	72.6

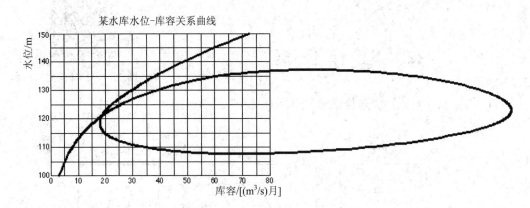

图 22-2　某水库水位-库容关系曲线图

图 22-3　错将(16.5，120)输入为(165，120)的错误曲线图

(3) 将图 22-4(a)分别快速修改成图 22-4(b)和图 22-4(c)。

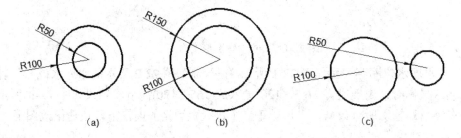

图 22-4　夹点编辑图形工作任务 3

(4) 绘制图 22-5 所示图形。

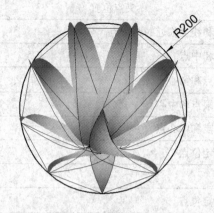

78. 图 22-5 的完成过程

图 22-5　夹点编辑图形工作任务 4

22.2　任务分析

上述 4 个工作任务有些用夹点编辑可以高效完成，有些必须用夹点编辑才能完成。

分析图 22-1，就算不用夹点编辑，用已经学过的技能完全可以完成任务。但是掌握夹点编辑技能后，可以高效、快捷地完成工作任务。这个任务可以试着用前面已经学过的技能和本项目学习掌握的夹点编辑技能完成，以对比领会夹点编辑的优点。

看到图 22-2、图 22-3 所示的工作任务 2，大家应该马上想到本书项目十四中的典型案例，这里再次拿出来重复一遍，以理解夹点编辑在工程实际应用中高效绘图的不可或缺的作用。

图 22-4 用于练习夹点缩放、夹点移动。

图 22-5 看似无规律，其实有规律！但是用传统方式却无法完成，只有应用夹点复制才能得到看似无规律，其实有规律的图形效果。

因此，对于夹点编辑必须学习掌握，CAD 高手更应该熟练掌握！

22.3　CAD 对夹点的规定

对不同的对象执行夹点操作时，对象上的夹点位置和数量也不相同。表 22-2 给出了 AutoCAD 对夹点的规定。

表 22-2　AutoCAD 对夹点的规定

对象类型	夹点位置
线段	两端点和中点
多段线	直线段的两端点、圆弧段的中点和两端点
样条曲线	拟合点和控制点
射线	起始点和构造线上的一个点

对象类型	夹点位置
构造线	控制点和线上临近的两个点
圆弧	两端点和中点
圆	各象限点和圆心
椭圆	四个象限点和中心
椭圆弧	端点中点和中心点
文字	文字行定位点
段落文字	各顶点
属性	文字行定位点
尺寸	尺寸线端点和尺寸界线的起始点、尺寸文字的中心点

22.4　夹点编辑图形方法

夹点编辑没有专用命令，在无其他正在执行的绘图指令时，即命令窗口出现"命令:"提示信息时，单击或交叉窗口选取编辑对象，激活绘图对象上特征点为小方框色块(默认蓝色)。用户选中特征点，通过拖动夹点对图形实现拉伸，右击夹点选择弹出快捷式菜单中的相应选项，实现图形的移动、旋转、缩放、镜像、复制等操作。

22.4.1　夹点拉伸编辑图形

用户点选或交叉窗口选区编辑对象，激活、选择特征点，然后拉伸到新的位置。

如图 22-6(a)所示，25×30 的矩形，需要快速修改成图 22-6(c)所示的梯形，点选矩形激活特征点(如图中端点、中心点)为蓝色小方框。点选 B 点，命令行输入"@10,0"，拉伸右下角点。点选 A 点，命令行输入"@-10,0"，拉伸左下角点。

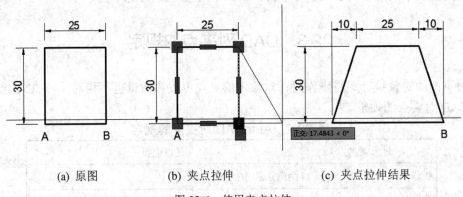

(a) 原图　　　　　　　　(b) 夹点拉伸　　　　　　　　(c) 夹点拉伸结果

图 22-6　使用夹点拉伸

注意：拉伸图形时，选中拉伸点之后，需要拉伸的目标位置可通过屏幕拾取，或输入相对坐标值等方法来确定。

22.4.2　夹点移动、旋转、缩放、镜像、复制编辑图形

　　夹点移动、旋转、缩放、镜像与前面已经学过的移动、旋转、缩放、镜像编辑图形目的、效果相同，不使用夹点编辑也可以完成任务，但是熟练掌握之后可以大大提高绘图效率。夹点复制除具有复制功能外，还带有"复制+拉伸"的复合功能，本项目工作任务 4 就需要应用该功能来完成。

　　选择待编辑图形对象的编辑点，单击鼠标右键，绘图十字光标处会出现一个如图 22-7 所示的夹点编辑命令复选框，点选移动、旋转、缩放、镜像、复制可启动编辑，后续操作和前面已经学过的操作过程基本一致，这里不再赘述。

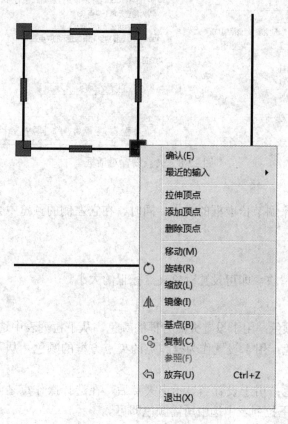

图 22-7　夹点编辑命令复选框

22.5　夹 点 设 置

　　初学者不提倡进行夹点设置，采用软件默认设置即可。当 CAD 水平达到中高级以后，如果有一些个性化的设置，可参照下列方法进行设置。

　　通过菜单"工具"→"选项"→"选项集"，进入如图 22-8 所示的夹点编辑设置对话框。在该选项卡中，可设置夹点的颜色、大小及开关状态等内容。

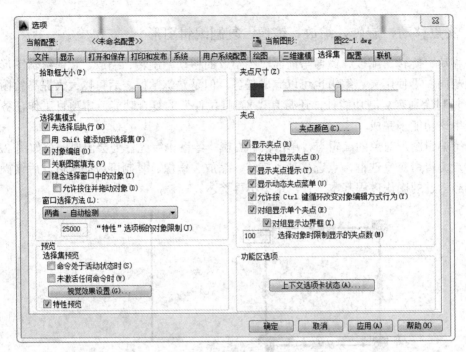

图 22-8　夹点设置对话框

1．拾取框大小

可通过拖动滑块来调节拾取框的大小。同时，在它左侧的预览中会实时显示拾取框的大小。

2．夹点尺寸

拖动该选项中的滑块，即可设置对象夹点标记的大小。

3．夹点颜色

(1) 未选中夹点颜色：用于设置夹点方框的颜色，从下拉列表中选中所需颜色即可。

(2) 选中夹点颜色：用于设置作为操作点的夹点方框的颜色，从下拉列表中选中所需颜色即可。

(3) 悬停夹点颜色：用于设置当显示出夹点后，在选择操作点之前，将光标放在夹点上时的夹点颜色，从下拉列表中选中所需颜色即可。

4．选择集预览

通过该选项组可以对视觉效果进行设计。

5．选择集模式

在该选项组中，用户可以设置构造选择集的模式。若选择"先选择后执行"复选框，可以实现先选择操作的对象，然后再通过单击菜单项、单击工具栏按钮或者直接在命令提示窗口输入命令的方式进行操作。如果选中"用 Shift 键添加到选择集"复选框，那么向已有的选择集中添加对象时必须同时按下"Shift"键；如果选中"允许按住并拖动对象"复选框，则必须按住拾取键并拖动才可以生成一个选择窗口；如果没有选中"允许按住并拖动对象"复选框，则可以单独地分两次在屏幕上用鼠标定义选择窗口的角点，在给定了第一个角点后，也会出现一个动态的选择窗口。"隐含选择窗口中的对象"复选框用于设置是否自动生成一个选择窗口。选中"对象编组"复选框后，在命令行中的"选择对象："提示下选择已经定义的对象组中的某一对象时，属于该组的对象全部被选中；若关闭此功能，则组中的其他对象不会被选中。"关联图案填充"复选框可设置填充的图案是否与边界关联。

22.6　工作任务完成详解

工作任务 1(图 22-1)、工作任务 2(图 22-2)、工作任务 3(图 22-4)比较简单，教师在讲解夹点编辑时可以顺便演示完成过程。

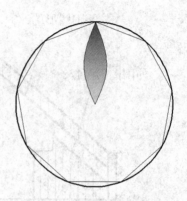

工作任务 4(图 22-5)图形的完成有一定难度和技巧，这里详解如下：

(1) 绘制 R200 圆，并绘制该圆的内接正九边形，外圆线型 0.5 mm。

(2) 用样条曲线绘制通过正九边形上顶点(圆上象限点)、圆心的一段曲线，以曲线首尾点连线为镜，镜像曲线形成花瓣轮廓，用渐变色填充，得到如图 22-9 所示的图形。

图 22-9　工作任务 4 完成过程 1

(3) 点选花瓣形状部分图形，捕捉点选花瓣顶点，单击鼠标右键，在弹出的如图 22-7 所示的夹点编辑命令复选框中点击"复制"，移动鼠标，可以看到如图 22-10 所示的效果图形，花瓣尖端随着十字光标移动。

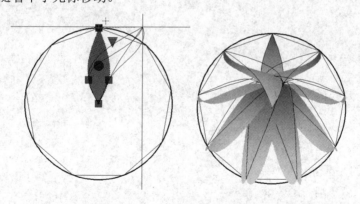

图 22-10　工作任务 4 完成过程 2

(4) 依次点击正九边形其余 8 个顶点，即可看到如图 22-11 所示的图形。

(5) 以圆心为基点，180° 旋转图形，即可得到如图 22-5 所示的图形。任务完成。

22.7　【课 堂 训 练】

(1) 完成图 22-6 所示图形的绘制。

(2) 完成本项目工作任务 1、2、3、4。

22.8 【课 外 训 练】

按尺寸绘制图 22-11 所示的图形。

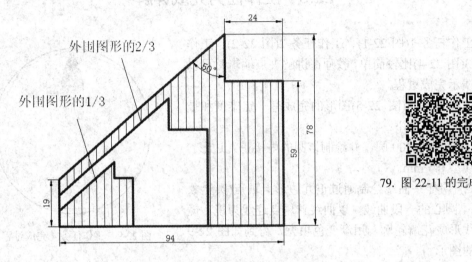

外围图形的2/3

外围图形的1/3

79. 图 22-11 的完成过程

图 22-11　课外练习

项目二十三 绘图单位与图纸比例

学习要点

- 绘图单位与绘图比例的确定
- 图纸比例与打印比例的确定

技能目标

- 会确定绘图单位和绘图比例
- 能确定图纸比例和打印比例
- 绘制工程图时具备根据实际情况确定绘图单位、图纸比例、绘图比例、打印比例的能力

23.1 工 作 任 务

绘制一长 45 m，宽 15 m 的楼房平面图，并打印输出到 A4 幅面图纸上，图纸上的图形尺寸为 225 mm ×75 mm。要求：

(1) 图纸单位(尺寸标注)为"米"时，绘制该图形，并确定绘图比例、打印比例、图纸比例；

(2) 图纸单位(尺寸标注)为"毫米"时，绘制该图形，并确定绘图比例、打印比例、图纸比例。

23.2 任 务 分 析

A4 幅面图纸尺寸为 297 mm ×210 mm，按照 1∶1 的比例肯定放不下这个长 45 m、宽 15 m 的楼房平面图，图形尺寸为 225 mm ×75 mm 就可以放下了，怎样完成该任务呢？

这就首先需要弄明白以下几个概念及其确定方法：绘图单位、图纸比例、绘图比例、打印比例。

23.3 绘图单位及其确定

绘图单位即图形打印输出后在图样上尺寸标注的单位。绘图单位的确定要依据有关行业规范进行，一般为"毫米"。

在绘制长 45 m，宽 15 m 的矩形时，激活绘制矩形命令后，在输入数据时就面临一个绘图单位的选择问题。如果采用"米"作为绘图单位，则在命令栏输入数据时直接输入"@45,15"即可；如果以"毫米"作为绘图单位，则在命令输入栏输入数据时需要进行简单的换算。此处将"米"换算成"毫米"，输入数据即为"@45000,15000"。

23.4　图纸比例及其确定

图纸比例指打印输出到图纸上的图上尺寸与所标注的实际尺寸的比例，它表示将实物大小缩小或放大到图纸上的倍数(详见有关制图知识)。如将长 45 m，宽 15 m 的楼房平面图绘制到图纸上尺寸为 225 mm ×75 mm 时，图纸比例就是

$$\frac{225}{45\,000} = \frac{75}{15\,000} = 1 : 200$$

图纸比例是 CAD 绘图过程的灵魂，必须预先规划，先确定出绘图比例，才能不误工、不返工，高效、高质量地完成 CAD 绘图工作。

23.5　绘图比例及其确定

绘图比例是指 CAD 图中一个绘图单位(默认设置为毫米)与输入的实际长度单位的比值，即图中一个绘图单位实际代表多长的实际尺寸。

如果采用"毫米"作为绘图单位，则绘图比例就是 1:1，即图上 1 毫米(一个绘图单位)就等于实际尺寸 1 毫米。(如@45000,15000)

如果绘图单位是"米"，绘图比例就是 1:1000，即图上 1 毫米(一个绘图单位)就等于实际尺寸 1 米(1000 毫米)。(如@45,15)

在绘图时一般不进行比例换算，按照绘图单位(尺寸标注单位)的要求直接输入相关数据，即默认采用 1:1 的绘图比例。

23.6　打印比例及其确定

打印输出是计算机绘图的一个重要环节,这个环节不仅将 CAD 绘制的成果实实在在地呈现于工程技术人员面前，实现成果的硬拷贝，也是保证正确的图纸比例的重要环节。只有打印输出时采用了合适的打印比例，才能保证正确的图纸比例。

打印比例的确定可遵照下列公式进行：

$$打印比例 = \frac{图纸比例}{绘图比例}$$

为了说明这个问题，针对本项目的工作任务，列出打印比例与图纸比例、绘图比例的关系，如表 23-1 所示(以长度为例)。

表 23-1　图纸比例、绘图单位、绘图比例、打印比例关系表

默认(设置)长度单位	毫　米	
实际长度	45 米(45 000 毫米)	
图纸上长度	225 毫米	225 毫米
图纸比例	1∶200	1∶200
绘图单位	毫米(1 毫米代表 1 毫米)	米(1 毫米代表 1 米)
绘图比例	1∶1	1∶1000
打印比例	1∶200	5∶1

绘图比例确定后，执行【文件】→【打印】操作，在"打印—模型"界面进行设置，如图 23-1 所示。

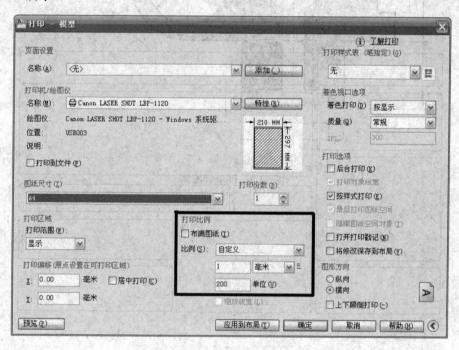

图 23-1　打印设置界面

23.7　【课堂训练】

分别采用"毫米"和"米"作为绘图单位来绘制图 23-2，并打印输出到 A4 幅面图纸上。要求：

(1) 轮廓线：颜色——"Bylayer"、线型——"Bylayer"、线宽——"0.5mm"。

(2) 中心线：颜色——"Bylayer"、线型——"Center2"、 线宽——"Bylayer"，线型比例根据图形协调性自己确定。

(3) 尺寸标注线：颜色——"Bylayer"、线型——"Bylayer"、 线宽——"Bylayer"，

文本字体为"宋体"，其他属性根据图形协调性自己设置。

(4) 设置图层并进行图层管理。

(5) 确定分别采用两种绘图单位时填充部分面积。

(6) 分别确定两种情况下的绘图单位、图纸比例、绘图比例、打印比例。

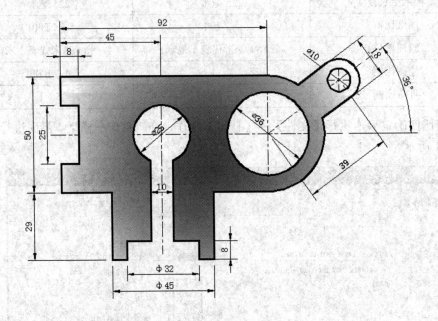

图 23-2　课堂训练图

项目二十四　同一幅图中绘制不同比例图形的技巧

学习要点

- 同一幅图形中绘制不同比例图形的意义
- 同一幅图形中绘制不同比例图形的方法
- 修改尺寸标注的方法

技能目标

- 会修改尺寸标注
- 会在同一幅图形中绘制不同比例的图形

24.1　工　作　任　务

绘制如图 24-1 所示的图形，尺寸单位为毫米(mm)。

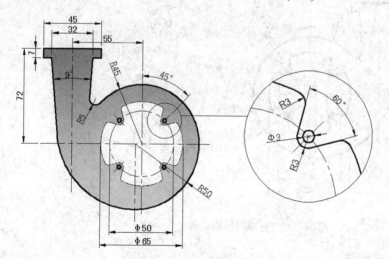

80. 图 24-1 的完成过程

图 24-1　不同比例图形的绘制

24.2　任　务　分　析

在工程实际中，绘制工程图时常常为了表现局部的结构而在同一幅图中绘制局部大样图，即将局部进行放大绘制在同一幅图中。这就必然涉及同一幅图中绘图不同比例图样的问题，那么如何实现在同一幅图中绘制不同比例的图形，就是工程实际绘图必须要解决的问题，也是绘图人员必须具备的技能。

对于多个比例的工程图样，都有一个基本比例，或称主比例，在一幅图中实现不同比例图形，其实就是相对于基本比例进行放大，然后应用尺寸编辑功能修改尺寸标注即可。

24.3 绘图基本技能——问题解决过程

24.3.1 主图的绘制

先应用已学过、已掌握的绘图技能绘制图 24-1 左边部分的图样主图部分，设置线型、标注尺寸、设置图层并进行图层管理。

24.3.2 大样图的绘制

复制圆圈内需要放大表示的部分图样，再进行修剪、整理。复制时注意关闭填充图层，将圆圈内部分图样放大 3 倍，绘制过程如图 24-2 所示。

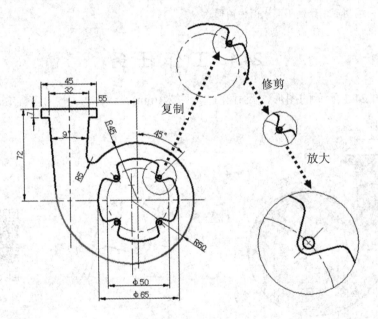

图 24-2 大样图的绘制过程

24.3.3 大样图的尺寸标注

大样图的尺寸标注要经过标注、尺寸编辑修改两个过程。尺寸标注结果如图 24-3 所示。初步标注后，因为放大 3 倍，角度不变，长度尺寸都相应地为实际值的 3 倍，这就需要将标注的尺寸经过编辑而修改成实际的尺寸数值。尺寸标注修改命令启动路径如图 24-4 所示，执行命令后的界面如图 24-5 所示。

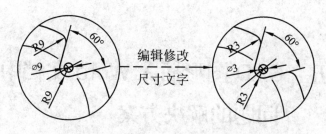

图 24-3　大样图尺寸标注过程及成果

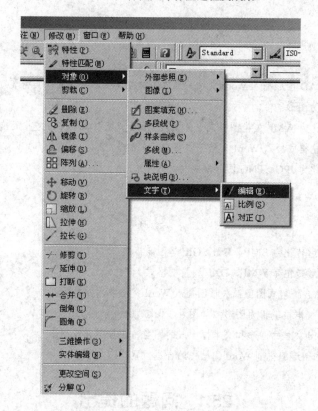

图 24-4　尺寸标注修改命令启动路径

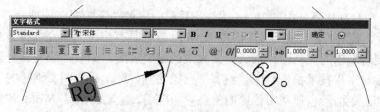

图 24-5　尺寸标注修改界面

24.4　【课 堂 训 练】

完成本项目工作任务。

项目二十五　CAD 图形插入 Word 文档中打印质量问题的解决方案

 **学习要点**

- 工程技术对 CAD 图形插入 Word 文档，形成图文并茂技术文件的现实需要
- Word 文档接受图形文件的格式
- CAD 图形转化为 WMF 矢量图格式，并插入 Word 文档中，形成图文并茂技术文件的操作过程
- CAD 图形转化格式插入 Word 文档应注意的若干细节
- CAD 图形转化为 JPG、PNG 图形格式文件的方法

 技能目标

- 会将 CAD 图形转化为 BMP、JPG、GIF 等图像格式
- 会将 CAD 图形转化为 WMF、DXF 矢量图格式
- 会将转化后的合适格式图像或矢量图插入 Word 文档中，并排版到合适位置
- 会利用 Word 文本框编辑为图形添加图号、图名
- 能将插入 Word 文档的图形和文本框生成的图名、图号组合成整体
- 会将组合后的图形编排到 Word 文档中的合适位置

25.1　问题的提出

　　Office 办公自动化系统中的 Word 软件是目前应用最广泛的文档处理软件，它广泛应用于学校、企业、政府等部门进行文档编辑。Word 软件具有出色的图文并排方式，可以把各种图形插入到所编辑的文档中，形成图文并茂的精美页面。如教师编写教材教案或研究论文、工程师编写工程技术报告、学生编写毕业论文等，经常需要图文混排的页面。这样不仅丰富了文档的版面，也使文字传递的信息更加准确、生动。但是 Word 软件本身绘制图形的功能非常有限，其自带的绘图功能只能绘制较简单的图形，而且操作难以随心所欲，对于稍微复杂的图形根本难以实现。

　　CAD 软件具有强大的绘图功能，应用非常广泛。在学校、企业等单位，大量的图形可以采用 CAD 软件来进行绘制，这些图形不但包括二维的平面图，还有三维的效果图。许多人虽然很熟悉 Word 和 CAD 软件的使用，但还是对于 CAD 绘制的图形如何插入到 Word 文档中，形成精美的图文混排页面这一问题感到困扰。

最大的困惑不是 CAD 图形怎样插入 Word 文档中，大家都知道在 CAD 图形界面进行屏幕选择复制，然后在 Word 页面状态粘贴即可将 CAD 图形插入 Word 页面，或者在 Word 页面状态选择插入 CAD 图形文件，也可将 CAD 图形插入 Word 文档，然后应用图片编辑工具可将 CAD 图形编排到 Word 页面中合适的位置。人们感到困惑的是 CAD 图形插入 Word 文档中之后，虽然采用图形编辑工具进行了处理，但打印质量太差。在 CAD 中非常精美的图形进入 Word 之后就会变得不清晰，特别是没有了线宽差别，线条不是太细看不清，就是都粗得离谱。图 25-1 所示为打印效果示例。

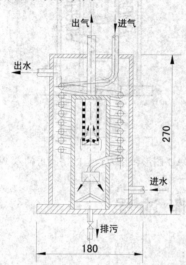

图 25-1　采用传统的 CAD 页面屏幕复制再粘贴到 Word 文档
或在 Word 页面插入 CAD 文件的效果

笔者也曾经长期受到这个问题的困扰，在没有解决这个问题前，为了保证页面精美，完成任务，不得已采用了一些很笨拙的方法。如先将 CAD 图形和 Word 打印出来，然后采用剪贴复印的方式进行 CAD 图形和 Word 文档的"硬"结合，或者将 CAD 图形用扫描仪处理后插入 Word，甚至采用过直接利用 CAD 软件实现图文混排，即纯粹将页面做成一个 CAD 文档，相信好多人曾经都有过这样的经历。对于这个问题笔者查阅了大量的资料，介绍这方面技巧的文章很多。有的只是介绍了大家都基本掌握的 CAD 图形如何插入 Word 文档的问题，但是质量问题并没有解决。有的解决了问题，但是叙述太专业化，理解困难，操作复杂。笔者通过大量的尝试，解决了这个问题，并广泛应用于教材编写、教案编制和考试卷编辑等方面，积累了一定的成熟经验。在此将 CAD 图形以何种合适的格式插入 Word 文档中，以保证打印质量，提出自己的解决方案和应注意的细节问题。

25.2　图 形 格 式

Word 软件除能接受图像文件(如照片等，常用格式有 BMP、PCX、JPG、GIF 等)外，也能接受矢量图，具体包括 WMF、DXF、HPGL、CGM 等格式文件。显然 CAD 图形为 DWG 格式不在接受之列，所以将 CAD 的 DWG 格式图形直接插入 Word 中打印质量就会很差。因此 CAD 图插入 Word 文档时打印质量问题的解决关键是格式问题。对于图 25-1 所示图形，如果将 CAD 图形转换为合适的格式再插入 Word 文档中，则打印效果如图 25-2 所示。

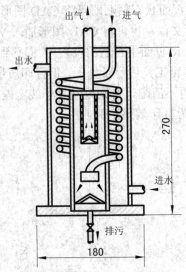

图 25-2　先将 CAD 图形转化为合适的格式再插入 Word 文档的效果

25.3　操作过程

1) 建立文件夹

建立一个专用文件夹，将还未插入 CAD 图形的 Word
文档和绘制好的 CAD 图形文件置于这个文件夹内。

81. CAD 图形转化为 WMF 矢量图并
插入 Word 文档中的操作过程

2) 将 CAD 图形文件转化为 WMF 格式图形

打开 CAD 图形文件，使 CAD 图形在绘图区内满屏显示。在命令行输入 WMFOUT 命令，按回车键，弹出"创建 WMF 文件"对话框，在"文件名"一栏自动出现一个与所绘制 CAD 文件名相同，但格式变为 WMF 的文件名。对文件名进行确认或修改，选择前面所建立的专用文件夹作为保存地点，然后单击"保存"按钮，就可以在该专用文件夹中自动创建一个 WMF 格式的图元文件。

3) 将 WMF 格式图形插入 Word 文档

打开需要插入 CAD 图形的 Word 文档，按照【插入】→【图片】→【来自文件】的菜单顺序将专用文件夹中已经创建好的 WMF 格式图元文件插入到 Word 文档中。

4) 编辑 WMF 格式图形

打开"图片"编辑工具栏，编辑图片使其大小合适，并选择版式为四周型环绕(图形较小时)或上下型环绕(图形较大时)。

5) 用文本框创建插图的图号、图名

按照【插入】→【文本框】→【横排】的菜单顺序创建一个文本框，在文本框中输入图形编号、图名，并设置合适的字体、字号。选中文本框，单击鼠标右键，点击"设置文本框格式"，将文本框颜色改为"无填充颜色"，线条改为"无线条颜色"，将"文本框"→"内部边距"调整合适，然后确定。

6) 将文本框和 WMF 格式图形组合成一个整体

采用鼠标拖动和"Ctrl"+"↑←↓→"键微调图形和文本框相对位置。依次选中图形和文本框，单击鼠标右键点击菜单"组合"→"组合"，将图形和图号、图名文本框变成一个整体，最后再将 CAD 图插入 Word 文档并确保打印质量的完整插图形成。

25.4 几个细节问题

1) CAD 图形的线宽问题

绘制 CAD 图形时除要采用合适的线型外，必须注重线宽的设置，使图形富有层次且美观。除中心线、填充线、尺寸标注、说明引出线采用 Bylayer 外，其他轮廓线线宽设置必须不小于 0.3 mm，最好采用 0.5 mm 线宽，而且在将 CAD 图形转换为 WMF 格式图元文件时，线宽要处于显示可见状态，否则，插入 Word 文档中的图形会没有线宽差别，失去了层次感。

2) 图形大小问题

在将 CAD 图形转换为 WMF 格式时，一定要先将图形在绘图区满屏显示，这样会避免图形插入到 Word 文档后由于大小不合适需将图形放大或缩小。因为放大或缩小会造成线条粗细随之变化，虽不明显，但会造成文档中在出现多图时，线条粗细不均匀，影响整体的协调性。

3) 图中文字协调问题

在绘制 CAD 图形时，为了使其传递信息更加准确，在图形中要出现一些必要的文字，文字的字型、大小要提前考虑到与 Word 文档的协调性，以免出现太小看不清，或者太大甚至大于图号、图名及文档正文文字，影响插图效果。

4) 图号和图名问题

文档中的插图必然要有图号和图名，但图号和图名不可作为 CAD 图形的一部分在 CAD 绘图时标注，因为那样会影响到整篇文档图号和图名的一致性，而且也无法在 Word 状态下修改。而在 Word 中以文本框方式编辑，既可以保证多图图号和图名的一致性，更有利于多图时图号的修改。这一点在编写教材时尤其重要，在教材编写中随着编写的深入，会出现删减或增加插图的情况，如果图号是在 CAD 图形绘制时就作为 CAD 图形的一部分，那么在顺序整理整本(或整章)教材插图时的工作量是不可想象的，因为必须逐一回到 CAD 状态才能改变。

5) 组合及显示问题

在将图号、图名和图形进行组合时，一定要分别设置其版式为四周型环绕或上下型环绕，然后再进行组合，组合后若插图和文字重叠在一起，可再次选中插图设置其版式。

◆◆◆◆◆ 🚲 温馨提示 ◆◆◆◆◆

CAD 图形插入 Word 文档中的打印质量不能满足要求，其关键在于图形格式问题。应该首先将 CAD 图形文件转换为 WMF 格式图元文件，然后再插入到 Word 文档中，即可得到满意的效果。当然在 CAD 图形编辑、插入 Word 文档的过程中，同时还要解决好其他一些细节问题，才能得到满意的效果，形成图文并茂的精美页面。

◆◆◆◆◆◆◆◆◆◆◆◆◆◆◆◆◆◆◆◆◆◆◆◆◆◆◆◆◆◆◆◆◆◆

25.5 CAD 图形转换为 JPG、PNG 等图形格式的方法

82. CAD 图形转化为 JPG、PNG 等图形格式的操作过程

CAD 图形插入 Word 文件中的方法，除前述的转换为 WMF 矢量图再插入 Word 中外，还有较为简便的方法，即先将 CAD 图形转化为 JPG、PNG 等图形文件格式，再插入 Word 文档中进行编辑，缺点是质量不如 WMF 格式矢量图。

下面以图 25-3 所示图形为例，来说明如何将 CAD 图形转化为 JPG、PNG 等图形文件格式。

1) 印屏

打开需要显示的图层，将 CAD 图形全屏显示，将十字光标置于图形有效范围之外，以免印屏时将十字光标拾取到图形中。对于台式机，按下 "Print Screen" 键，如是笔记本电脑按下 "Fn + PrtSc" 键，即可将显示的图形 "印制" 到剪贴板上。注意：印屏的结果暂时还是不可见的，要进行后续操作才行，此时如果终止操作，则会前功尽弃。

2) 修剪

接上一步操作，在 Word 文字编辑界面实现图片修剪。打开 Word 软件，点击 "粘贴" 按钮，则将印屏的图片展

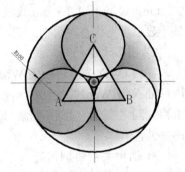

图 25-3 图形范例

现在 Word 编辑界面中，如图 25-4 所示。再通过菜单命令 "视图" → "工具栏" → "图片" 打开图片编辑工具栏，如图 25-5 所示，利用 "剪切" 工具对不需要的部分进行裁剪，然后缩放到合适大小，文字环绕设置为 "上下型环绕"。裁剪过程及效果如图 25-6 所示。

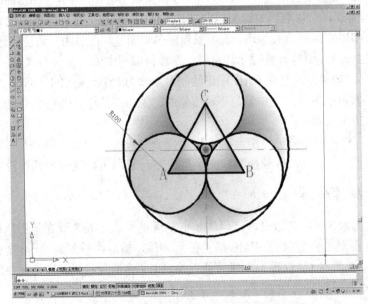

图 25-4 印屏后粘贴到 Word 编辑界面效果图

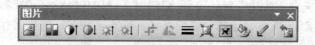

图 25-5 Word 图片编辑工具栏

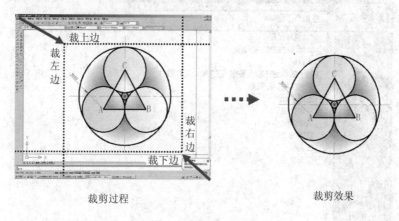

裁剪过程   裁剪效果

图 25-6 裁剪过程及效果图

3) 格式转换

将裁剪后大小合适，并设置为上下型环绕的图片再次复制，按照"开始"→"程序"→"附件"→"画图"的顺序打开画图软件。将复制的图片粘贴到画图软件编辑界面，如图 25-7 所示。

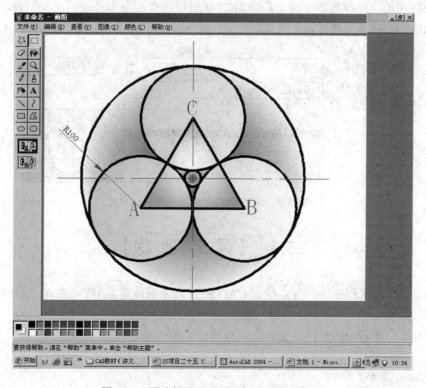

图 25-7 图片粘贴到画图编辑界面的效果图

打开"文件"菜单，选择"另存为"，即弹出文件保存路径、文件名、保存格式的设置选择对话框，如图 25-8 所示。选择合适的路径，输入文件名，选择保存格式后，点击"保存"实现 CAD 图形格式的转换。

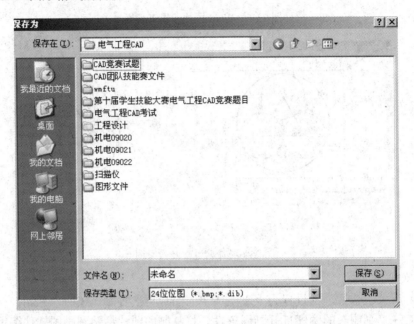

图 25-8　图形保存路径、文件名、保存类型对话框

图形格式由"保存类型"决定，如图 25-9 所示，点击图形格式的下拉列表，有 JPG、PNG、GIF、TIFF 等多种类型可供选择。

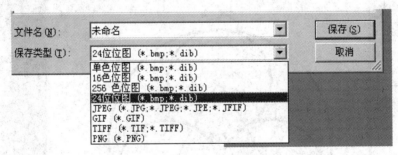

图 25-9　图形文件可供选择的保存格式

25.6　【课 外 训 练】

(1) 完成本次课程工作任务：绘制 CAD 图形，分别转换为 JPG、PNG、GIF、TIFF 等图形格式文件。

(2) 对比上述各个图形格式文件占用存储空间的大小。

项目二十六　利用约束条件绘制图形

学习要点

- 约束的概念
- 创建几何约束
- 自动创建几何约束
- 几何约束显示与隐藏
- 创建标注约束
- 标注约束的显示与隐藏
- 利用约束绘制图形的原则

技能目标

- 会利用几何约束、标注约束绘制图形
- 能根据绘图需要显示或隐藏几何约束与标注约束
- 掌握利用约束绘制图形的原则
- 具备利用约束条件解决工程实际问题的能力和意识

26.1　工 作 任 务

如图 26-1 所示，固定杆件 AB 和 AC 相互垂直，半径为 R9 的圆盘与 AB、AC 相切，运动杆件 DE 长度为 50，两端点通过滑动块在杆件 AB 和 AC 上上下运动，求运动杆件 DE 运动到和圆盘相切的位置。

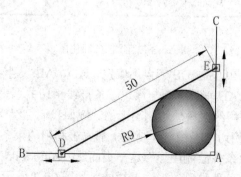

图 26-1　杆件 DE 运动规律示意图

26.2 任务分析

(1) 这看似是一个运动学和数学问题，与绘图没有关系，但是别忘记了"CAD"是"Computer Aided Design"的英文缩写，意思是"计算机辅助设计"，所以 CAD 不仅仅是计算机绘图，它具有强大的基于绘图的计算功能，所以 CAD 是可以解决此类有确定几何关系的工程实际问题的。

(2) 通过对图 26-1 的分析，可以看出满足条件的位置有两个，除图 26-1 所示位置之外，还有一个位置如图 26-2 所示。

(3) 将图 26-1、图 26-2 进行简化，只要能完成图 26-3 的绘制，这个问题就可以解决。而这两个图是具有对称性的，只要能绘制出一个，另一个则可以通过 CAD 的镜像功能完成。

(4) 观察图 26-3，只有圆半径 R9 和 DE 长度为 50 两个已知尺寸，以及 AD 与 AE 垂直、圆与周边三条直线相切这个位置关系。R9 圆与 DE 切点不确定，AD、AE 尺寸不确定。要用我们之前已学过的 CAD 技能绘制这两个图几乎是不可能的。

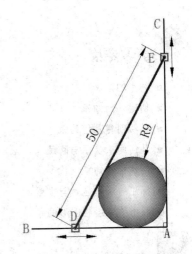

图 26-2 杆件 DE 满足运动条件的第二个位置示意图

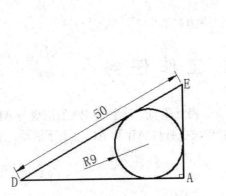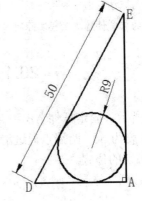

图 26-3 工作任务简化图

(5) 再观察图 26-3，R9 圆与 DE 切点不确定，AD、AE 尺寸不确定，但是依据圆半径与 DE 长度尺寸，AD 与 AE 垂直、圆与周边三条直线相切关系来看，可以决定图 26-3 的唯一性。这类问题就是利用约束条件绘制图形的。例如我们已经学习掌握的"相切、相切、相切"绘制圆，"相切、相切、半径"绘制圆，都属于利用约束条件绘制图形的例子。

为了解决"利用约束条件绘制图形"这一类问题，Autodesk 公司从 AutoCAD 2010 版本开始，增加了利用约束条件绘制图形这一功能。如图 26-4 所示，对比 AutoCAD 2010 版和 AutoCAD 2007(2008、2009 版与 2007 一样)菜单栏可知，AutoCAD 2010 版比 AutoCAD 2007 版多了一个【参数(P)】菜单，该菜单是专门为利用约束条件绘制图形新增的功能。

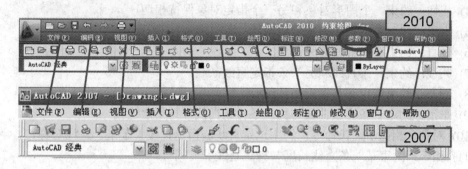

图 26-4　AutoCAD 2010 版与 AutoCAD 2007 版菜单栏对比图

学习本项目的目的，就是要掌握 AutoCAD 2010 利用约束条件绘制图形的功能，并应用该功能去解决工程实际中需要通过建立几何关系而解决的工程实际问题。

26.3　约束的概念

约束是指给现有选中的图形一个制约关系，约束是一种规则，可决定对象彼此间的位置关系及其尺寸。约束主要有几何关系约束和标注约束两种。

83. 利用约束条件绘制图形

(1) 几何约束：约束对象之间相切、同心、平行等位置关系。

(2) 标注约束：通过标注约束规定选定对象的长度、直径、角度等数值。

在约束条件下，移动图形时这些条件不会改变。

26.4　几　何　约　束

26.4.1　创建几何约束

1. 几何约束的种类及其作用

几何约束用于约束对象之间或对象上的点之间的关系。创建后，它们可以限制可能会违反约束的所有更改。

依次点击【参数(P)】→【几何约束(G)】，打开如图 26-5 所示的下拉式菜单，可见几何约束有以下 12 种，其作用及创建过程如下：

(1) 重合：约束一个图形对象上某特征点和另一图形对象指定点重合。

(2) 垂直：约束一条直线和另一条指定直线保持

图 26-5　几何约束菜单

垂直。

(3) 平行：约束一条直线和另一条指定直线保持平行。

(4) 相切：约束一个图形对象和另一个指定对象保持相切。

(5) 水平：约束选定直线为水平状态。

(6) 竖直：约束选定直线为竖直状态。

(7) 共线：约束一条直线和另一条指定直线共线。

(8) 同心：约束选定圆与指定圆共圆心。

(9) 平滑：约束一条样条曲线与另一条样条曲线保持平滑连接。

(10) 对称：相当于镜像命令，约束选定直线与指定直线关于某一条线对称。

(11) 相等：约束某一条直线长度与指定直线长度相等。

(12) 固定：约束图形对象固定于某一个特征点。

2．几何约束的创建过程

例如，"相切"约束创建过程如图 26-6 所示，图 26-6(1)为一个圆和一条直线，要使直线与圆相切而且圆的位置不变，就可通过给两个对象上添加"相切"几何约束来实现。

其创建过程如下：

(1) 依次点击下拉式菜单【参数(P)】→【几何约束(G)】→【相切(T)】(如图 26-5 所示)，绘图十字光标即变成带有相切符号的选择框。

(2) 先选择圆(如图 26-6(b)所示)，再选择直线(如图 26-6(c)所示)，直线即自动移动到和圆相切的位置，结果如图 26-6(d)所示。如果先选择直线，再选择圆，则圆自动移动到和直线相切的位置，如图 26-6(e)所示。可见选择的先后顺序与图形的位置至关重要。

上述创建的图形可以移动，如果不希望圆的位置被移动，则可以通过【参数(P)】→【几何约束(G)】→【固定(F)】将圆位置固定(注意：固定的是圆心位置而不是大小)。这样如果先选择圆再选择直线，结果和图 26-6(d)一样；如果先选择直线再选择圆，则圆心位置不变，而大小变化到和直线相切，如图 26-6(f)所示。

通过【参数(P)】→【几何约束(G)】→【重合(C)】可绘制一条一个端点在直线 2 上的另一条直线 3，并将圆固定。如果移动直线 3，直线 2(或延长线)将一直处于和圆相切的位置，如图 26-6(g)所示。

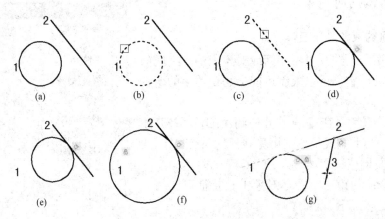

图 26-6 创建几何约束例图

几何约束的创建过程在此处不再赘述，大家可在软件体验中逐渐体会掌握，或观看随书视频文件学习掌握。

3. 其他情形

几何约束是约束图形对象之间的位置关系，对于不符合位置关系的图形，在添加几何约束之后，必然有图形对象的位置发生变化，这个位置变化的规则一般有以下几种情况：

(1) 整体平移：如"重合"、"相切"、"共线"、"同心"等约束创建后，制定的图形对象位置将会发生平移，以响应几何约束指令。对于整体平移的几何约束规则是"先选的图形对象位置不动，后选的图形对象位置发生移动"，即"先选不动，后选动"。

(2) 旋转：如"垂直"、"平行"、"水平"、"竖直"等约束创建后，后选的图形对象将围绕指定的对象上某个端点旋转，以响应几何约束指令。指定端点为点选对象时靠近的端点。

(3) 固定优先：如果对某个图形对象进行了"固定"约束，该图形对象的位置将因为被固定而不再发生变化，其他试图影响其位置的几何约束将无效，但可以响应其大小变化的约束指令。

26.4.2　自动创建几何约束

自动创建几何约束简称自动约束，自动约束用于将几何约束快速添加于可能满足约束条件的对象。图形添加自动约束后，对图形进行编辑修改时，自动约束可发挥作用保持图形的几何约束关系。

依次点击下拉式菜单【参数(P)】→【自动约束(C)】可调用自动约束命令，选择对象即可将几何约束自动应用于选定对象或图形中的所有对象。

如图 26-7 所示的三角形，图 26-7(a)没有自动约束，可以将其中某一边移走，图形变成如图 26-7(b)所示的样子。图 26-7(c)进行了自动约束，三角形各个角点出现小蓝框，移动某一边时，三角形将整体移动而保持几何关系，如图 26-7(d)所示。

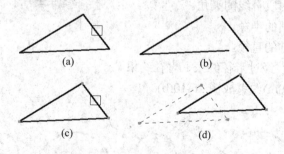

(a)　　　　　　　　　(b)

(c)　　　　　　　　　(d)

图 26-7　自动约束

26.4.3　几何约束的显示与隐藏

几何约束创建之后，在约束特定位置将显示相应的几何约束符号，如 ⌒ 🔒 ✓ 等，如果不希望这些几何约束符号显示，或只指定部分几何约束符号显示，可通过依次点击下拉式菜单【参数(P)】→【约束栏(B)】打开如图 26-8 所示的菜单进行设置。

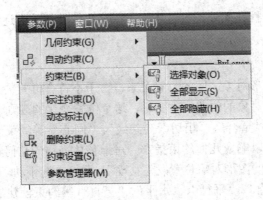

图 26-8　几何约束的现实与隐藏菜单

26.5　标　注　约　束

26.5.1　创建标注约束

标注约束可以确定对象、对象上的点之间的距离或角度，也可以确定对象的大小。标注约束包括名称和值。

依次点击下拉式菜单【参数(P)】→【标注约束(D)】，打开如图 26-9 所示的菜单，可见标注约束有：

(1) 对齐：确定直线的长度。

(2) 水平：确定两个对象的水平离。

(3) 竖直：确定两个对象的垂直离。

(4) 角度：确定两段直线的夹角。

(5) 半径：确定圆的半径。

(6) 直径：确定圆的直径。

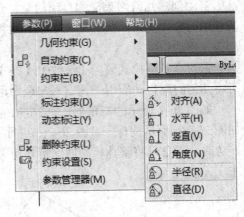

图 26-9　标注约束菜单

如图 26-10 所示，经过半径约束、直径约束、水平约束可将图 26-10(a)约束成图 26-10(b)。

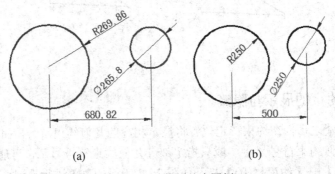

(a)　　　　　　　　　　　　　　(b)

图 26-10　创建标注约束图例(1)

如图 26-11 所示，经过对齐约束、水平约束、垂直约束可将任意长直线分别约束成长度为 500、水平投影长 500、垂直投影长 400 的直线。经过角度约束，可将两直线的任意夹角约束成 30°。

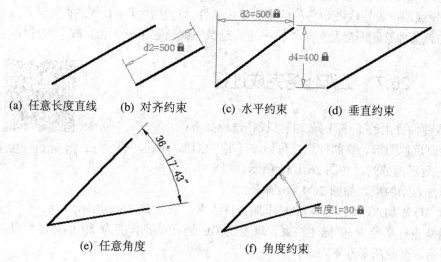

(a) 任意长度直线　　(b) 对齐约束　　(c) 水平约束　　(d) 垂直约束

(e) 任意角度　　　　(f) 角度约束

图 26-11　创建标注约束图例(2)

26.5.2　标注约束的显示与隐藏

标注约束创建之后，在图形对象上将显示类似于尺寸标注的标注约束符号，如果不希望这些标注约束符号显示，可通过依次点击下拉式菜单【参数(P)】→【动态标注(V)】打开如图 26-12 所示的菜单进行设置。

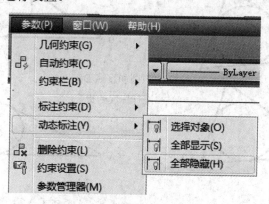

图 26-12　标注约束显示设置菜单

26.6　利用约束条件绘制图形的原则

为了提高绘图效率，利用约束条件绘制图形应遵循"先似后是"的原则，即"先形状近似，后尺寸精确"。具体顺序如下：

(1) 绘制近似图形。

(2) 自动约束：对近似图形添加自动约束。

(3) 几何约束：对近似图形的不同对象进行几何约束。

(4) 标注约束：对特定对象添加标注约束。

(5) 编辑成图：设置成图中各种约束的显示属性、标注尺寸、设置线型等。

利用约束条件绘制图形是一个"像→越来越像→就是它了→美化完成"的过程。

26.7　工作任务完成过程

要完成前面提出的工作任务，具体操作过程如下：

(1) 绘制近似图形。绘制任意三角形，再用"相切、相切、相切"绘制三角形内部圆，如图 26-13(a)所示。

84. 图 26-1 的完成过程

(2) 添加自动约束。如图 26-13(b)所示。

(3) 对 AD 添加水平约束，对 AE 添加竖直约束，如图 26-13(c)所示。

(4) 对圆进行半径 R=9 标注约束，对直线 DE 进行对齐长度为 50 的标注约束，如图 26-13(d)所示。至此图形基本完成。

(5) 通过【参数(P)】→【显示所有动态约束(A)】关闭标注约束显示；通过【参数(P)】→【约束栏(B)】→【全部隐藏】关闭几何约束显示；标注尺寸，设置线型，完成任务。最终图形如图 26-13(e)所示。

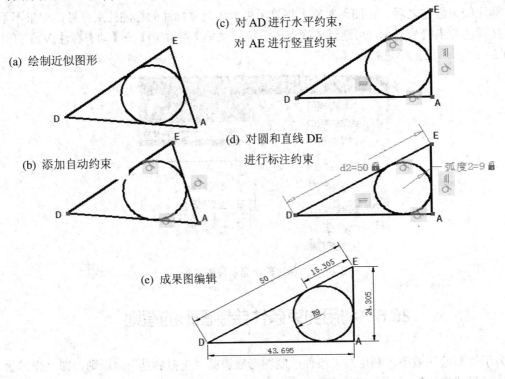

图 26-13　工作任务完成过程

温馨提示

约束绘图是用来解决特殊问题的，即利用约束条件绘制尺寸不足但约束关系明确的特殊图形。对于尺寸明确的图形可直接绘制，不建议采用这种方式绘制。

26.8 【课外训练】

如图 26-14 所示，AB 为地面，AC 为墙面，宽 12、高 18 的木箱 AKMN 置于墙角，长度为 50 的杆 DE 立于地面靠在墙上。试求：杆 DE 和木箱左上角 M 刚好接触时的位置。

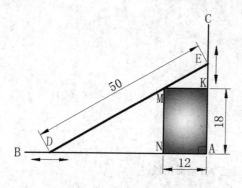

图 26-14　课堂练习

项目二十七 图形的打印输出

学习要点

- 图形的打印输出
  调用打印命令 选择打印设备 选择图纸尺寸 确定打印区域 确定打印比例 确定打印偏移
- 用 A4 幅面打印机打印 A3 幅面图纸

技能目标

- 会调用打印命令
- 会选择打印设备与图纸尺寸
- 会确定打印区域与打印比例
- 会控制图形在图纸上的位置
- 会利用 A4 幅面打印机和复印机打印输出 A3 幅面图纸

27.1 工 作 任 务

(1) 绘制图 27-1 所示图形，并按照 1：1 的比例打印输出到 A4 幅面图纸上，线型、线宽要符合有关规范。

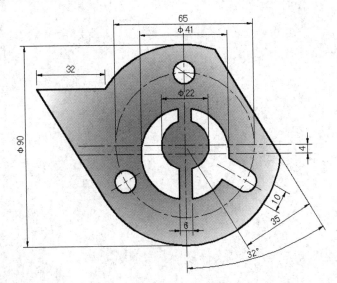

86. 图 27-1 的绘图过程

图 27-1 图形的打印输出练习(1)

(2) 绘制图 27-2，并利用普通的 A4 规格打印机和复印机完成 1∶1(A3 幅面)图形的打印输出。

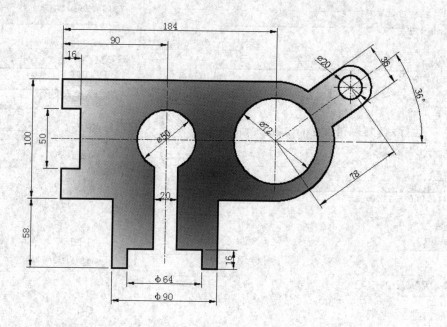

图 27-2   图形的打印输出练习(2)

27.2　任 务 分 析

　　完成该项目任务要经过两个步骤，一是图形绘制，根据前面所学、所练已经不成问题，同学们应该能够轻松完成；二是图形的打印输出，这是大多院校教学中往往忽视的一个核心技能，CAD 图形的打印输出并不像 Word 文档那样点击打印按钮就可以轻松完成的。

　　CAD 图形的打印输出是完成一幅工程图的最后一道工作程序，如果不能正确地将绘制成果打印到图纸上，前面的工作将前功尽弃。打印输出设备一般为打印机或绘图仪，绘图仪的打印操作和打印机是一样的，所以打印机(绘图仪)的使用是本项目的主要内容。另外，工作中最常用的办公设备一般是 A4 幅面打印机、普通复印机，如何利用它们实现 A3 幅面图形的打印输出，是本项目要学习的另一项技能。

27.3　问题的解决过程

27.3.1　工作任务(1)解决过程

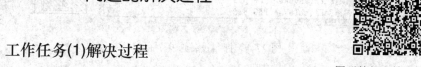

87. 图形的打印输出操作过程

1. 启动打印命令

　　单击标准工具栏中的 🖨(打印)按钮，或执行【文件】→【打印】菜单命令，将会弹出如图 27-3 所示的打印机(绘图仪)控制对话框。

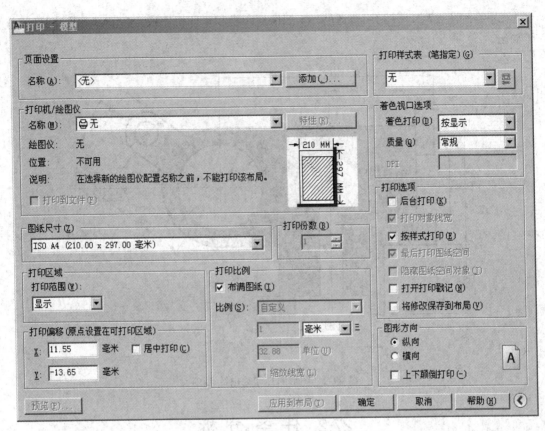

图 27-3　AutoCAD 2010 图形打印输出对话框

2．选择打印设备

前提：计算机已经连接打印机或绘图仪，并安装相应的驱动程序软件。

点击"打印机/绘图仪"选项区的"名称"下拉列表，将会罗列出安装在计算机上的所有打印机或绘图仪，点击选择计划使用的打印设备。如图 27-4 选择打印设备为"DWF6 ePolt.pc3"型绘图仪。

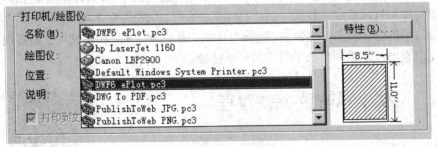

图 27-4　打印设备选择界面

3．选择图纸尺寸、设置打印区域、打印比例、打印偏移

(1) 选择图纸尺寸：点击"图纸尺寸"下拉列表，可进行图纸尺寸选择，如图 27-5 所示。因为选择绘图设备为绘图仪，所以图纸尺寸对应范围为 A0 到 B5。如果绘图设备为 A4 幅面打印机，则可选的图纸尺寸最大为 A4。

(2) 确定打印区域：点击"打印范围"下拉列表，出现"窗口"、"范围"、"图形界限"、"显示"四种选择打印范围的方式，若点选"窗口"方式，可用绘图十字光标在绘图区选定要打印的图形区域。

(3) 确定打印比例：如图 27-6 所示，不需要比例的示意图可以采用"布满图纸"方式。对于工程图纸，则必须选定符合规范的打印比例，根据本项目任务要求，选定打印比例为 1：1，单位为"毫米"。

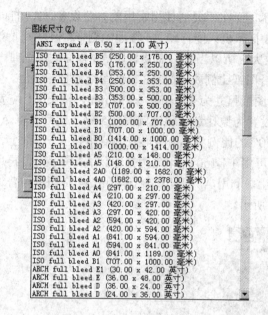

图 27-5　图纸尺寸选择界面

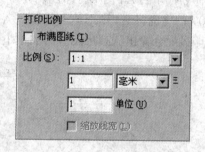

图 27-6　打印比例设置

(4) 设置打印偏移："所谓"打印偏移"实际上是指控制图形在图纸上的位置，以选定的绘图区域左下角点和图纸左下角点作为参照。如图 27-7 所示，$X=0.00$、$Y=0.00$ 时，打印出来的图形位于图纸的左下角；如果 $X=50.00$、$Y=50.00$，则图形左下角点处于相对于图纸左下角点 X50、Y50 的位置；如果勾选"居中打印"，则图形位于图纸的正中央。

图 27-7　图形在图纸上的位置控制对话框

4．选择图形方向

如图 27-8 所示，根据需要在"纵向"、"横向"、"上下颠倒打印"之间进行选择。

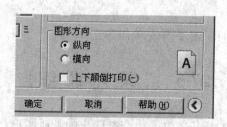

图 27-8　图形方向对话框

5. 预览并打印图形

上述操作完成后，可点击"预览"按钮，查看图形打印输出的效果预览图。如效果好无问题，点击"确定"即可打印图形；如果设置存在问题，预览效果不佳，可重复前述操作，直到符合打印要求再完成图形打印。

27.3.2　工作任务(2)解决过程

工作任务(2)的解决方案不在于 CAD 技术，而在于灵活使用常用的办公设备，A4 打印机和复印机是办公室最常见的设备，尽管 A4 打印机只能打印 A4 幅面的图形，但是一般复印机能复印 A3 幅面图纸，能进行 200%的放大。所以当我们需要打印 A3 幅面的图纸时，就可以利用 A4 打印机和复印机配合完成符合图纸比例要求的 A3 幅面图纸的打印输出。

A4 图纸尺寸为 297 mm ×210 mm，A3 图纸尺寸为 420 mm ×297 mm，长长比、宽宽比都为 1.414，所以在打印时，将打印比例设置为原计划打印比例的 1.5 倍，就可以将 A3 图形打印到 A4 图纸上，再在复印机上用 150%的比例将 A4 图形放大复印到 A3 图纸上。如计划打印的 A4 图形打印比例为 1：100，可用 1：150 打印比例打印到 A4 图纸上，再用 150%的比例将 A4 图形放大复印到 A3 图纸上。利用 A3 打印机输出和用 A4 打印机与普通复印机配合输出 A3 图纸过程对比如图 27-9 所示。

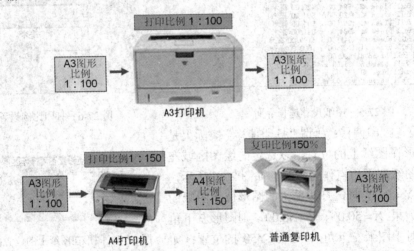

图 27-9　利用 A3 打印机输出和 A4 打印机与普通复印机配合输出 A3 图纸过程对比图

27.4　【课堂训练】

完成本项目工作任务(1)(完成到预览效果为止)。

27.5　【课外训练】

完成本项目工作任务(1)和任务(2)，上交打印出的纸质图形，并用直尺校核打印输出图形的实际尺寸与标准尺寸的关系。

项目二十八　基于 AutoCAD 的无定向线形锁小三角测量平差计算解决方案

学习要点

- 无定向线形锁的基本概念
- 无定向线形锁传统平差的计算过程
- 平差计算过程分析及 CAD 解决方案
- 利用 CAD 的解决方案算例

教学建议

- 教师：必须懂工程测量，掌握无定向线形锁传统平差计算方法，并有计算经验
- 学生：已经学习过工程测量之无定向线形锁小三角测量，了解无定向线形锁传统平差计算原理及过程

技能目标

- 掌握基于 CAD 的无定向线形锁小三角测量平差的计算方法
- 具备将 CAD 图形的数字化属性应用于解决工程实际问题的意识和技能

28.1　无定向线形锁

在水利、建筑及交通等土建类工程测量中，小三角测量广泛作为小测区的首级平面控制和图根点加密的基础。小三角测量的布点型式有单三角锁、中心多边形三角锁和线形锁三种类型。其中，线形锁是指符合在两个已知控制点上面没有基线的三角锁。没有起始方位角(即未测连接角)的线形锁称为无定向线形锁。无定向线形锁广泛应用于高级控制点稀少、通视条件差而无法实现已知控制点的相互瞄准的情形。

28.2　无定向线形锁传统平差的计算过程

28.2.1　角度平差

角度平差较为简单，以三角形内角和等于 180° 为基准，根据观测到的各个三角形的内角求出三角形的闭合差，若闭合差满足精度要求，则可进行闭合差配赋，然后求得修正后的角度。

28.2.2 坐标计算

无定向线形锁测量时只观测各个三角形的内角，除已知的 A、B 两点坐标没有起始方位角(A、B 相互不通视)和基线外，不能直接推算边长和方位角，其计算过程较复杂。

具体计算过程如下：

(1) 绘制草图：如图 28-1 所示。

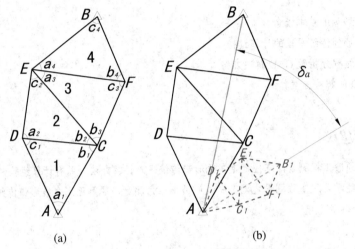

(a)　　　　　　　　　　　(b)

图 28-1　无定向线形锁解算原理图

(2) 假定和试算：通常先给起算点的右邻点(如图中 C 点)假定一个坐标，再根据 A 点坐标和右邻点 C 的假定坐标及△ACD 的各个内角，用戎格公式(公式 1)推算出 D 点坐标。以此类推，计算出其余各点(E 点、F 点及 B 点)的假定坐标值。

对△ACD，计算 D 点坐标的戎格公式如下：

$$\begin{cases} X_D = \dfrac{X_A \cot b_1 + X_C \cot a_1 - Y_A + Y_C}{\cot a_1 + \cot b_1} \\ Y_D = \dfrac{Y_A \cot b_1 + Y_C \cot a_1 + X_A - X_C}{\cot a_1 + \cot b_1} \end{cases} \tag{1}$$

(3) 求修正值：由算得的 B 点的假设坐标反算出 AB 的假设边长 L'_{AB} 和假设方位角 α'_{AB}，再与实际边长 L_{AB} 及实际方位角 α_{AB} 进行比较，求得缩放系数 $K(L_{AB}/L'_{AB})$ 和方向偏差 $\delta_\alpha(\alpha_{AB} - \alpha'_{AB})$。

(4) 坐标修正计算：用缩放系数 K 和方向偏差 δ_α，对假设坐标逐个进行缩放和旋转修正，求得各点的实际坐标(包括 B 点，以闭合自检)。

❖❖❖❖❖ 温馨提示 ❖❖❖❖

以上无定向线形锁的传统平差计算过程只是简略的步骤描述，实际的计算过程要复杂得多，需要工程测量基础理论深厚、逻辑思维能力很强、性格非常细致的人，借助计算器、应用更多的专门公式及无定向线形锁计算表才能完成。所以，上述传统平差计算过程仅仅用来说明计算的复杂性及工作量的相对大小，便于让读者在对比学习中更好地体会和掌握本项目的教学内容。读者要学习无定向线形锁的平差计算方法，可参考专门的工程测量书籍中"小三角测量"之"无定向线形锁"的相关内容。

◆◆◆◆◆◆◆◆◆◆◆◆◆◆◆◆◆◆◆◆◆◆◆◆◆◆◆◆◆◆

28.3 平差计算过程分析及 CAD 解决方案

1. 平差计算过程分析

在传统的无定向线形锁平差计算过程中，角度平差应用基本的几何定律和测量基本理论，依据充分、过程简单，工程技术人员容易理解和应用。坐标计算过程虽然依据基本的解析几何原理，但是由于其计算公式复杂、运算次数多、计算原理不易理解、计算过程容易出错，而使得工程技术人员望而生畏。

无定向线形锁平差计算的基本原理是将由精确测量平差后的各个三角形内角所决定的、与实际地面三角锁相似的三角锁，经过缩放、旋转一直到与实际三角锁重合。缩放、旋转恰好是 CAD 的基本功能，所以应用 CAD 可以不必计算而轻松地解决无定向线形锁平差计算问题。另外，应用 CAD 的缩放、旋转功能可以以绘图代替计算，与无定向线形锁专用计算表的计算原理一致，使计算精度有保证，而且不易出错，过程直观，便于工程技术人员掌握和应用。

2. CAD 解决方案

CAD 解决方案的步骤如下：

(1) 用 CAD 绘制相似三角锁：如图 28-1(b)所示，根据 A、B 坐标绘制线段 AB，取任意方向、任意点绘制线段 AC_1，然后根据三角形内角平差结果依次绘制 4 个三角形构成的多边形 $AC_1F_1B_1E_1D_1$。

(2) 缩放相似三角锁与实际三角锁大小一致：以 A 为基点，以 AB 为缩放参照目标，用【参照缩放】将多边形 $AC_1F_1B_1E_1D_1$ 整体缩放到 AB_1 与 AB 等长。

(3) 旋转三角锁到实际位置：以 A 为基点，以 AB 为旋转参照目标，用【参照旋转】将多边形 $AC_1F_1B_1E_1D_1$ 整体旋转到 AB_1 与 AB 重合。

(4) 标注坐标值，获得结果：分别标注出 A、C_1、D_1、E_1、F_1、B 的 X、Y 坐标值，然后打印输出，完成平差计算过程。

28.4 利用 CAD 的解决方案算例

如图 28-2(a)所示测区，已知 A(X36074.921，Y7563.532)、B(X36615.440，Y7693.174)两个高级控制点，两点不能通视。为了对测区进行控制，经现场踏勘，确定了 C、D、E、F 四个图根点，构成如图 28-2(a)所示的无定向线形锁，并应用经纬仪测得各个三角形的内角，平差后的结果见表 28-1。要求进行无定向线形锁的平差计算，求出 C、D、E、F 坐标。

表 28-1　各个三角形内角测量平差结果

三角形及内角编号	1			2			3			4		
	°	′	″	°	′	″	°	′	″	°	′	″
a	60	27	52	85	18	29	39	08	49	42	37	05
b	62	22	40	41	10	10	69	26	11	57	25	30
c	57	09	28	53	31	21	71	25	00	79	57	25

应用 CAD 绘图求解过程如下：

(1) 用"LINE"命令依据 AB 坐标绘制线段 AB，如图 28-2(b) 所示。

(2) 任意确定 C_1 点，绘制线段 AC_1，用"XLINE"命令、表 28-1 中数据、"TRIM"命令绘制出多边形 $AC_1F_1B_1E_1D_1$，如图 28-2(c) 所示。

88. 图 28-2 的完成过程

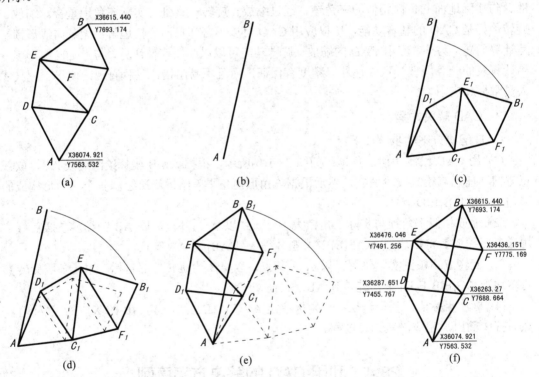

图 28-2　无定向线形锁小三角测量 CAD 平差计算过程图

(3) 应用"SCALE"命令缩放多边形 $AC_1F_1B_1E_1D_1$，使 AB_1 和 AB 等长，如图 28-2(d) 所示。

(4) 应用"ROTATE"命令旋转多边形 $AC_1F_1B_1E_1D_1$，使 AB_1 和 AB 重合，如图 28-2(e) 所示。

(5) 标注 A、C、D、E、F、B 坐标值，如图 28-2(f)所示，完成平差计算，打印输出结果。

28.5　小　　结

工程技术人员对无定向线形锁平差计算的共识是虽原理简单，但计算复杂而费时。而应用 CAD 功能解决问题时，精度有保证，过程简单直观而有趣，几乎没有计算工作量，可以大大提高工作效率。

在水利、建筑及交通等土建类工程勘测、设计和施工等环节中，经常会遇到类似的问题，即计算首先需要绘制草图，然后根据解析几何知识经过复杂的公式和大量的计算最终得到结果。如果应用 CAD 知识去解决，利用 CAD 图形的数字化属性，图形绘制完成后，查询图形背后固有的有关数据信息，即可直接得到结果。

参 考 文 献

[1] 沈旭，宋正和. AutoCAD 2010 实用教程[M]. 北京：清华大学出版社，2011.

[2] 瞿芳. AutoCAD 2010 机械应用教程[M]. 北京：北京交通大学出版社，2010.

[3] 李志国，王磊，孙江宏，等. AutoCAD 2009 中文版机械设计案例教程[M]. 北京：清华大学出版社，2009.

[4] 薛焱，催洪斌. 中文版 AutoCAD 2006 机械图形设计[M]. 北京：清华大学出版社，2006.

[5] 黄才广，赵国民，王迤冉，等. 新世纪 AutoCAD 2008 中文版机械制图应用教程[M]. 北京：电子工业出版社，2008.

[6] 胡仁喜，赵昌利，康士廷，等. AutoCAD 2010 中文版机械制图快速入门实例教程[M]. 北京：机械工业出版社，2009.

[7] 李瑞，董伟，王渊峰，等. AutoCAD 2006 中文版实例指导教程[M]. 北京：机械工业出版社，2006.